备案号　J13499-2016

四川省工程建设地方标准

P

DBJ51/ T058-2016

四川省公共建筑节能改造技术规程

Technical Code for the Retrofitting of Public Building on
Energy Efficiency in Sichuan Province

U0331856

2016-06-17　发布　　　　2016-10-01　实施

四川省住房和城乡建设厅　发布

四川省工程建设地方标准

四川省公共建筑节能改造技术规程

Technical Code for the Retrofitting of Public Building on
Energy Efficiency in Sichuan Province

DBJ51/T 058-2016

主编单位： 四 川 省 建 筑 科 学 研 究 院
批准部门： 四 川 省 住 房 和 城 乡 建 设 厅
施行日期： 2 0 1 6 年 1 0 月 1 日

西南交通大学出版社

2016 成都

图书在版编目（ＣＩＰ）数据

四川省公共建筑节能改造技术规程/四川省建筑科
学研究院主编. —成都：西南交通大学出版社，2016.8
（四川省工程建设地方标准）
ISBN 978-7-5643-5035-2

Ⅰ.①四… Ⅱ.①四… Ⅲ.①公共建筑 – 节能 – 技术
改造 – 技术规范 – 四川 Ⅳ.①TU242-65

中国版本图书馆 CIP 数据核字（2016）第 213567 号

四川省工程建设地方标准

四川省公共建筑节能改造技术规程

主编单位　四川省建筑科学研究院

责 任 编 辑	姜锡伟
封 面 设 计	原谋书装
出 版 发 行	西南交通大学出版社 （四川省成都市二环路北一段 111 号 西南交通大学创新大厦 21 楼）
发 行 部 电 话	028-87600564　028-87600533
邮 政 编 码	610031
网　　　址	http://www.xnjdcbs.com
印　　　刷	成都蜀通印务有限责任公司
成 品 尺 寸	140 mm × 203 mm
印　　　张	4
字　　　数	102 千
版　　　次	2016 年 8 月第 1 版
印　　　次	2016 年 8 月第 1 次
书　　　号	ISBN 978-7-5643-5035-2
定　　　价	32.00 元

关于发布工程建设地方标准

《四川省公共建筑节能改造技术规程》

的通知

川建标发〔2016〕527号

各市州及扩权试点县住房城乡建设行政主管部门，各有关单位：

由四川省建筑科学研究院主编的《四川省公共建筑节能改造技术规程》已经我厅组织专家审查通过，现批准为四川省推荐性工程建设地方标准，编号为 DBJ51/T 058－2016，自2016年10月1日起在全省实施。

该标准由四川省住房和城乡建设厅负责管理，四川省建筑科学研究院负责技术内容解释。

四川省住房和城乡建设厅

2016年6月17日

前　言

近两年来我省国家机关办公建筑和大型公共建筑的能耗统计数据表明，公共建筑的能耗巨大，每平方米年耗电量是普通居民住宅的 5～10 倍。为了有效地指导和规范四川地区的既有公共建筑的节能改造工作，提高四川地区公共建筑节能改造技术水平，根据四川省住房和城乡建设厅《关于下达四川省地方标准〈四川省公共建筑节能改造技术规程〉编制计划的通知》（川建标发〔2011〕177 号），由四川省建筑科学研究院会同有关单位共同编制本规程。

本规程主要参照行业标准《公共建筑节能改造技术规范》JGJ 176-2009，结合我省具体实情，并在认真总结类似地区既有公共建筑节能改造的实践经验与研究成果的基础上，经广泛征求相关部门意见而制定。

本规程共 9 章，主要技术内容包括：总则；术语；基本规定；节能诊断；节能改造判定原则与方法；节能改造设计；节能改造施工；节能改造验收；节能改造评估。

本规程由四川省住房和城乡建设厅负责管理，四川省建筑科学研究院负责具体技术内容解释。执行过程中如有意见或建议，请寄送四川省建筑科学研究院（地址：成都市一环路北三段 55 号；邮政编码：610081）。

主 编 单 位：四川省建筑科学研究院

参 编 单 位：西华大学

四川众恒建筑设计有限责任公司

四川蓝光和骏实业有限公司

台玻成都玻璃有限公司

广东美的暖通设备有限公司

主要起草人：于　忠　　向　勇　　高　波　　乔振勇

余恒鹏　　韩　舜　　张　红　　倪　吉

韦延年　　唐　明　　邓　文　　杨　伦

主要审查人：冯　雅　　张　静　　袁艳平　　秦　刚

章一萍　　陈佩佩　　熊泽祝

目　次

Contents

1 总 则

1.0.1 为贯彻国家及四川省有关建筑节能的法律法规和方针政策，推进建筑节能工作，提高既有公共建筑的能源利用效率，减少温室气体排放，改善室内热环境，制定本规程。

1.0.2 本规程适用于四川地区各类既有公共建筑的外围护结构、用能设备及系统等方面的节能改造。

1.0.3 公共建筑的节能改造应在保证室内热舒适环境的基础上，提高建筑的能源利用效率，降低能源消耗。

1.0.4 公共建筑的节能改造应根据节能诊断结果，结合节能改造判定原则，从技术可靠性、可操作性和经济性等方面进行综合分析，选取合理可行的节能改造方案和技术措施。

1.0.5 公共建筑的节能改造，除应符合本规程的规定外，尚应符合国家及四川省现行有关标准的规定。

2 术 语

2.0.1 节能诊断 energy diagnose

通过现场调查、检测以及对能源消费账单和设备历史运行记录的统计分析等，找到建筑物能源消耗的重点环节，为建筑物的节能改造提供依据的过程。

2.0.2 节能改造 retrofit for energy efficiency

在确保结构安全和既有建筑的室内环境以及室内人员舒适度的前提下，通过对建筑物的围护结构和用能设备采取一定的技术措施，或增设必要的设备，达到降低建筑运行能耗目的的改造。

2.0.3 能源消费账单 energy expenditure bill

建筑物使用者用于能源消费结算的凭证或依据。

2.0.4 能源利用效率 energy utilization efficiency

广义上是指能源在形式转换过程中终端能源形式蕴含能量与始端能源形式蕴含能量的比值。本规程中是指既有建筑用能系统的能源利用效率。

2.0.5 电冷源综合制冷性能系数（SCOP） system coefficient of refrigeration performance

设计工况下，电驱动的制冷系统的制冷量与制冷机、冷却水泵及冷却塔输入能量之比。

2.0.6 能效等级 energy efficiency grade

表示设备能源效率高低的不同级别。

2.0.7 能效限定值 minimum allowable values of energy efficiency for equipment

在标准规定的测试条件下，所允许的设备效率的最低保证值。

2.0.8 节能评价值 evaluating values of energy efficiency for equipment

在标准规定的测试条件下，节能设备的效率所应达到的最低保证值。

2.0.9 建筑设备与系统 building equipment and systems

在建筑中应用的供暖通风空调及生活热水供应系统、供配电系统、照明系统、监测与控制系统。

3 基本规定

3.0.1 当公共建筑因结构或防火等方面存在安全隐患而需进行改造时，宜同步进行节能改造。

3.0.2 公共建筑临街立面改造、棚户区改造以及既有公共建筑改、扩建时，应同步进行节能改造。

3.0.3 公共建筑节能改造应遵循下列原则：

　　1 围护结构改造宜与室内供热、空调系统改造同步进行；

　　2 应充分考虑应用可再生能源或低品位能源；

　　3 应结合建筑所在气候区域，采用成熟、适宜的节能技术和产品；

　　4 应优先选用对用户及居民干扰小、工期短、对环境污染小、工艺便捷、投资收益比高的技术。

4 节能诊断

4.1 一般规定

4.1.1 公共建筑节能改造前，应对建筑物外围护结构热工性能、供暖通风空调及生活热水系统、供配电与照明系统、监测与控制系统及公共环境进行勘察和现场检测。

4.1.2 公共建筑节能诊断前，应收集下列资料：

    1 工程竣工图和相关技术文件；

    2 历年房屋修缮及设备维护、改造记录；

    3 相关设备的技术参数和近 1～2 年的运行记录；

    4 室内环境状况；

    5 近 1～2 年的电、燃气、油、水等能源消费账单。

4.1.3 诊断应以实际检测数据和实际运行数据为依据，数据量至少应包含一个完整使用周期。

4.1.4 公共建筑节能改造前应制订节能诊断方案，节能诊断后应编写节能诊断报告。节能诊断报告应包括建筑物概况、诊断依据、节能分析、诊断结果、改造方案建议等内容。对于综合诊断项目，应在完成各子系统节能诊断的基础上再编写项目节能诊断报告。

4.1.5 公共建筑节能诊断项目的检测方法应符合现行标准

《公共建筑节能检验标准》JGJ 177 和《四川省民用建筑节能检测评估标准》DBJ51/T017 的有关规定。

4.2 外围护结构热工性能

4.2.1 建筑外围护结构热工性能应根据我省的不同气候分区、不同类型外围护结构对下列内容进行选择性诊断：

 1 传热系数；

 2 热工缺陷及热桥部位内表面温度；

 3 遮阳设施的综合遮阳系数；

 4 外围护结构的隔热性能；

 5 玻璃或其他透明材料的可见光透射比、太阳得热系数；

 6 外窗、透明幕墙的气密性。

4.2.2 公共建筑外围护结构热工性能节能诊断应按下列步骤进行：

 1 查阅竣工图，了解建筑外围护结构的构造做法和材料、建筑遮阳设施的种类和规格，以及房屋修缮及设施改造等信息；

 2 对外围护结构状况进行现场检查，调查了解外围护结构的完好程度、实际施工做法与竣工图纸的一致性、遮阳设施的实际使用情况和完好程度；

 3 对确定的节能诊断项目进行外围护结构热工性能的检

测或计算；

4 依据诊断结果和本规程第 5 章的规定，确定外围护结构的节能环节和节能潜力，编写外围护结构热工性能节能诊断报告。

4.3 供暖通风空调及生活热水系统

4.3.1 对于供暖通风空调及生活热水供应系统，应根据系统设置情况，对下列内容进行选择性节能诊断：

1 建筑物室内的平均温度、湿度；

2 冷水机组、热泵机组的实际性能系数；

3 锅炉运行效率；

4 水系统回水温度一致性；

5 水系统供回水温差；

6 水泵效率；

7 水系统补水率；

8 冷却塔冷却性能；

9 电冷源综合制冷性能系数；

10 风机单位风量耗功率；

11 系统新风量；

12 风系统平衡度；

13 能量回收装置的性能；

14 空气过滤器积尘情况；

15 管道保温性能。

4.3.2 供暖通风空调与生活热水供应系统节能诊断应按下列步骤进行：

1 通过查阅竣工图和现场调查，了解供暖通风空调与生活热水供应系统的冷热源形式、系统划分形式、设备配置及系统调节控制方法等信息；

2 查阅运行记录，了解供暖通风空调与生活热水供应系统运行状况及运行控制策略等信息；

3 对确定的节能诊断项目进行必要的现场检测；

4 依据诊断结果和本规程第 5 章的相关规定，确定供暖通风空调与生活热水供应系统的节能环节和节能潜力，编写节能诊断报告。

4.4 供配电系统

4.4.1 供配电系统节能诊断应包括下列内容：

1 系统中配电线路、仪表、电机（电梯、水泵、风机等）、电气元器件、变压器等设备状况；

2 供配电系统容量及结构；

3 用电分项计量；

4 无功补偿；

5 供配电电能质量。

4.4.2 对供配电系统中仪表、电动机、电气元器件、变压器等设备状况进行节能诊断时，应核查是否使用淘汰产品、各电器元件是否运行正常以及变压器负载率状况。

4.4.3 对供配电系统容量及供电线路网络结构进行节能诊断时，应核查现有的用电设备功率及配电电气参数。

4.4.4 对供配电系统用电分项计量进行节能诊断时，应核查常用供电回路是否设置电能表对电能数据进行采集与保存，并应对分项计量电能回路用电量进行校核检验。

4.4.5 对无功补偿进行节能诊断时，应核查是否采用提高用电设备功率因数的措施、补偿容量、补偿方式、补偿设备运行稳定性等，确认无功补偿设备的调节方式是否符合供配电系统的运行要求。

4.4.6 供配电电能质量节能诊断应采用电能质量监测仪在公共建筑物内出现或可能出现电能质量问题的部位进行测试。供配电电能质量节能诊断宜包括下列内容：

1 三相电压不平衡度；

2 系统功率因数；

3 各次谐波电压和电流及谐波电压和电流总畸变率；

4 电压有效值偏差、电压闪断、跌落、过电压等；

5 电流浪涌、瞬变等。

4.4.7 供配电系统节能诊断应提供系统节电率。

4.5 照明系统

4.5.1 照明系统节能诊断应包括下列项目：

    1 灯具类型及效率；

    2 照明光源及其发光效率；

    3 镇流器类型及效率

    4 照度值与照明功率密度值；

    5 照明控制方式；

    6 有效利用自然光情况。

4.5.2 照明系统节能诊断应提供照明系统能耗分析及所能达到的照明系统节电率。

4.6 监测与控制系统

4.6.1 监测与控制系统节能诊断应包括下列内容：

    1 监测与控制系统的总线构成，其系统兼容性、协调性、可扩展性、稳定性及功能性基本要求与合理性；

    2 供暖通风与空调系统监测与控制的基本要求与合理性；

    3 生活热水监测与控制的基本要求与合理性；

    4 照明、动力设备监测与控制的基本要求与合理性；

    5 现场控制设备及元件运行状况与合理性。

4.6.2 现场控制设备及元件节能诊断应包括下列内容：

    1 控制阀门及执行器的选型与安装；

2 变频器型号和参数；

3 温度、流量、压力仪表的选型与安装；

4 与仪表配套的阀门安装；

5 传感器的准确性；

6 控制阀门、执行器及变频器的工作状态。

4.7 综合诊断

4.7.1 公共建筑应在外围护结构热工性能、供暖通风空调与生活热水供应系统、供配电与照明系统、监测与控制系统的分项诊断基础上进行综合诊断。

4.7.2 公共建筑综合诊断应包括下列内容：

1 建筑概况，即建筑基本信息、建筑功能、建筑能源利用类型、可再生能源利用情况等；

2 建筑的年度能耗量及其变化规律；

3 建筑的年度能耗构成及各分项所占比例；

4 建筑用能习惯等人为因素对建筑耗能的影响分析；

5 针对公共建筑的能源利用情况，分析存在的问题和关键因素，提出节能改造方案；

6 进行节能改造的技术经济分析；

7 编制节能诊断总报告。

5 节能改造判定原则与方法

5.1 一般规定

5.1.1 公共建筑进行节能改造前，应首先根据节能诊断报告，并结合公共建筑节能改造判定原则与方法，确定进行节能改造的目标及节能改造内容，明确节能改造实现的节能效果。

5.1.2 公共建筑节能改造的目标及节能改造措施应符合现行标准《公共建筑节能设计标准》GB 50189 的有关规定。

5.2 外围护结构

5.2.1 当公共建筑外墙（包括非透明幕墙）、屋面的热工性能存在下列情况时，宜对外围护结构进行节能改造：

1 严寒、寒冷地区，公共建筑外墙（包括非透明幕墙）、屋面保温性能不满足现行国家标准《民用建筑热工设计规范》GB 50176 的内表面温度不结露要求；

2 夏热冬冷地区，公共建筑外墙（包括非透明幕墙）、屋面隔热性能不满足现行国家标准《民用建筑热工设计规范》GB 50176 的内表面温度要求；

5.2.2 公共建筑外窗、透明幕墙的热工性能存在下列情况时，宜对外窗、透明幕墙进行节能改造：

1 外窗及透明幕墙的传热系数低于《建筑外门窗保温性能分级及检测方法》GB/T 8484 中规定的 2 级，透明幕墙的传热系数低于《建筑幕墙》GB/T 21086 中规定的 2 级；

2 外窗的气密性低于现行国家标准《建筑外窗气密、水密、抗风压性能分级及检测方法》GB/T 7106 中规定的 4 级，透明幕墙的气密性低于现行国家标准《建筑幕墙》GB/T 21086 中规定的 1 级；

3 非严寒地区，除北向外，外窗或透明幕墙的太阳得热系数大于 0.50；

4 除超高层及特别设计的透明幕墙外，外窗或透明幕墙的可开启面积低于外墙总面积的 12%。

5.2.3 公共建筑屋面透明部分的传热系数、太阳得热系数存在下列情况时，宜对屋面透明部分进行节能改造：

1 严寒地区，屋面透明部分的传热系数大于 3.5 W/（m² · K）；

2 非严寒地区，屋面透明部分的太阳得热系数大于 0.50。

5.3 供暖通风空调及生活热水系统

5.3.1 当公共建筑供暖空调系统的冷源或热源设备满足下列条件之一时，应进行相应的节能改造或更换：

1 运行时间接近或超过其正常使用年限；

2 所使用的燃料或工质不满足环保要求；

3 冷冻水旁通流过未运行的机组；

4 不满足正常使用要求或明显运行不节能。

5.3.2 公共建筑集中生活热水供应系统的热源，当最高日生活热水量大于 5 m^3 时，除电力管理鼓励用电且利用谷电加热的情况外，采用直接电加热热源的应进行相应的节能改造。

5.3.3 公共建筑集中生活热水供应系统的热源在名义工况和规定条件下的效率不满足现行国家标准《公共建筑节能设计标准》GB 50189 的相关规定，且其改造或更换的静态投资回收期小于等于 8 年时，宜进行相应的改造或更换。

5.3.4 当公共建筑供暖空调系统的冷源或热源设备在名义工况和规定条件下的效率不满足现行国家标准《公共建筑节能设计标准》GB 50189 的相关规定，且其改造或更换的静态投资回收期小于等于 8 年时，宜进行相应的改造或更换。

5.3.5 除下列情况外，对于采用电直接加热设备作为供暖空调系统的供暖热源和空气加湿热源，且热源改造的静态投资回收期小于等于 10 年时，应改造为其他热源方式：

1 以供冷为主，供暖负荷非常小，且无法利用热泵或其他方式提供供暖热源的建筑；

2 夜间可利用低谷电进行蓄热，且不在昼间用电高峰时段和平时段启用电热锅炉的建筑；

3 利用可再生能源发电，且其发电量能够满足直接电热用量需求的建筑；

4 无城市或区域集中供热，且采用燃气、煤、油等燃料受到环保或消防严格限制的建筑；

5 冬季无加湿用蒸汽源，且室内相对湿度的要求较高的非一般舒适性空调的建筑。

5.3.6 当公共建筑电冷源系统的综合能效系数（SCOP）不满足现行国家标准《公共建筑节能设计标准》GB 50189 的相关规定，且冷源系统节能改造的静态投资回收期小于等于5年时，宜进行相应的改造。

5.3.7 当公共建筑供暖空调系统的集中热源设备未设置因室外气温变化进行供热量调节的自动控制装置时，应进行相应的改造。

5.3.8 当空调水系统或风系统的输送效率不满足现行国家标准《公共建筑节能设计标准》GB 50189 的相关规定时，宜对空调水系统或风系统进行相应的调节或改造。

5.3.9 采用二次泵的空调冷水系统，当二次泵未采用变速变流量调节方式时，应对二次泵进行变速变流量调节方式的改造。

5.3.10 当公共建筑存在较大的冬季需要制冷的内区，且原有空调系统未利用天然冷源时，宜进行相应的改造。

5.3.11 在过渡季，公共建筑的外窗可开启面积和通风系统均不能直接利用新风实现降温需求时，宜进行相应的改造。

5.3.12 当设有新风的空调系统的新风量不满足现行国家标

准《民用建筑供暖通风与空气调节设计规范》GB 50736 的相关规定时，宜对原有新风系统进行改造。

5.3.13 当供暖空调系统的冷热水管、风管的绝热层厚度不符合现行国家标准《公共建筑节能设计标准》GB 50189 的相关规定或绝热层严重损坏时，应进行相应的改造。

5.3.14 当冷却塔的实际运行效率低于铭牌值的 80%或冷却塔内补水器、填料严重老化时，应对冷却塔进行相应的清洗或改造。

5.3.15 当公共建筑中的供暖空调系统不具备室温调控手段时，应进行相应改造。

5.3.16 对于采用区域性冷源或热源的公共建筑，当冷源或热源入口处没有设置冷量或热量计量装置时，应进行相应的改造。

5.3.17 当供暖空调系统循环水水质不满足《供暖空调系统水质》GB/T 29044 的要求时，应对系统水质和水处理设备进行清洗或改造。

5.4 供配电系统

5.4.1 当供配电系统不能满足更换的用电设备功率、配电电气参数要求时，或主要电器为淘汰产品时，应对配电柜（箱）和配电回路进行改造。

5.4.2 当变压器平均负载率长期低于 20%且今后不再增加用电负荷时，宜对变压器进行改造。

5.4.3 当供配电系统未根据配电回路合理设置用电分项计量或分项计量电能回路用电量校核不合格时，应进行改造。

5.4.4 当无功补偿不能满足要求时，应论证改造方法的合理性并进行投资效益分析，当投资静态回收期小于 5 年时，宜进行改造。

5.4.5 当供配电电能质量不能满足要求时，应论证改造方法的合理性并进行投资效益分析，当投资静态回收期小于 5 年时，宜进行改造。

5.5　照明系统

5.5.1 当既有建筑的照明功率密度值超过现行国家标准《建筑照明设计标准》GB 50034 规定的限值时，应进行相应的改造。

5.5.2 当既有建筑公共区域的照明未合理设置自动控制时，应进行相应的改造。

5.5.3 对于未合理利用自然光的照明系统，应进行相应改造。

5.6　监测与控制系统

5.6.1 未设置监测与控制系统的公共建筑应根据监控对象特

性合理增设监测与控制系统。

5.6.2 当集中供暖与空气调节等用能系统进行节能改造时，应对与之配套的监测与控制系统进行改造。

5.6.3 当监测与控制系统不能正常运行或不能满足节能管理要求时，应进行改造。

5.6.4 当监测与控制系统配置的传感器、阀门及配套执行器、变频器等的选型及安装不符合设计、产品说明书及现行国家标准《自动化仪表工程施工及验收规范》GB 50093 中的有关规定，或准确性及工作状态不能满足要求时，应进行改造。

5.6.5 当监测与控制系统无用电分项计量或不能满足改造前后节能效果对比时，应进行改造。

5.7 节能改造判定

5.7.1 当对公共建筑的某一单项进行改造时，应根据需要采用本规程 5.2 节 ~ 5.6 节或 5.7.2 条 ~ 5.7.4 条进行判定；当对公共建筑的两项及以上内容进行改造时，应采用本规程 5.7.2 条 ~ 5.7.5 条进行判定。

5.7.2 当对公共建筑的外围护结构进行节能改造时，改造后供暖通风空调能耗降低 10%以上，且静态投资回收期小于或等于 8 年时，宜进行节能改造。

5.7.3 当对公共建筑的供暖通风空调与生活热水供应系统进

行节能改造时,改造后系统的能耗降低 20%以上且静态投资回收期小于或等于 5 年,或者静态投资回收期小于或等于 3 年时,宜进行节能改造。

5.7.4 当对公共建筑的照明系统进行节能改造时,改造后静态投资回收期小于或等于 2 年或节能率达到 20%以上时,宜进行节能改造。

5.7.5 当对公共建筑进行综合节能改造时,在保证相同的室内热环境参数前提下,与未采取节能改造措施前相比,供暖通风空调及生活热水供应系统、照明系统的全年能耗降低 30%以上,且静态投资回收期小于或等于 6 年时,应进行节能改造。

6 节能改造设计

6.1 一般规定

6.1.1 节能改造设计应依据节能改造方案进行,并应符合《公共建筑节能设计标准》GB 50189 的要求。

6.1.2 当既有公共建筑涉及主体和承重结构改动、增加荷载或使用功能变动时,应对既有公共建筑结构安全性进行核验。设计时应充分考虑增加部位与既有公共建筑的统一性。

6.2 围护结构节能改造设计

6.2.1 公共建筑外围护结构进行节能改造后,所改造部位的热工性能必须符合现行国家标准《公共建筑节能设计标准》GB 50189 的规定性指标限值的要求。

6.2.2 公共建筑外围护结构进行节能改造所采用的保温材料和建筑构造的防火性能应符合现行国家标准《建筑内部装修设计防火规范》GB 50222、《建筑设计防火规范》GB 50016 的规定。

6.2.3 公共建筑的外围护结构节能改造应根据建筑自身特点和所处环境,充分考虑对外界的干扰、工期、工艺以及投资效益比等因素,确定采用的构造形式以及相应的改造技术。保温、隔热、防水、装饰改造应同时进行。对原有外立面的建筑造型、凸窗应有相应的保温改造技术措施。

6.2.4 外围护结构节能改造应通过围护结构热工性能计算分析，采取合理的技术措施并提交相应的设计施工图纸。

6.2.5 对于室内散湿量大的场所，应进行围护结构内部冷凝受潮验算，并应按照现行国家标准《民用建筑热工设计规范》GB 50176 的规定采取防潮措施。

6.2.6 非透明幕墙改造时，幕墙支承结构的抗震和抗风压性能等应符合现行行业标准《金属与石材幕墙工程技术规范》JGJ 133 的规定。

6.2.7 非透明幕墙构造缝、沉降缝以及幕墙周边与墙体接缝处等热桥部位应进行保温处理。

6.2.8 非透明围护结构节能改造采用石材、人造板材幕墙和金属板幕墙时，应满足现行国家标准《建筑幕墙》GB/T 21086 和《金属与石材幕墙工程技术规范》JGJ 133 的规定。

6.2.9 公共建筑进行屋面节能改造时，应根据工程的实际情况选择适当的改造措施，并应符合现行国家标准《屋面工程技术规范》GB 50345 和《屋面工程质量验收规范》GB 50207 的规定。当屋面改造需要增加荷载时，应对原房屋结构进行复核、验算；当不能满足节能改造要求时，应采取结构加固措施。

6.2.10 公共建筑的外窗改造可根据具体情况确定，并可选用下列措施：

1 采用只换窗扇、换整窗或加窗的方法，满足外窗的热工性能要求，加窗时，应避免层间结露；

2 采用更换低辐射中空玻璃，或在原有玻璃表面贴膜的措施，也可增设可调节百叶遮阳或遮阳卷帘；

3 外窗改造更换外框时，应优先选择隔热效果好的型材；

4 窗框与墙体之间应采取合理的保温密封构造，不应采用普通水泥砂浆补缝；

5 外窗改造时所选外窗的气密性等级应不低于现行国家标准《建筑外门窗气密、水密、抗风压性能分级及检测方法》GB/T 7106 中规定的 6 级；

6 更换外窗时，宜优先选择可开启面积大的外窗，除超高层外，外窗的可开启面积不得小于等于外墙总面积的 12%，窗的开启位置应符合房间通风换气和使用功能的需要。

6.2.11 对外窗的遮阳设施进行改造时，宜采用可调节百叶遮阳或遮阳卷帘等可调节外遮阳措施。外遮阳的遮阳系数应按现行国家标准《公共建筑节能设计标准》GB 50189 的规定进行确定。加装外遮阳时，应对原结构的安全性进行复核、验算。当结构安全不能满足要求时，应对其进行结构加固或采取其他遮阳措施。

6.2.12 外门、非供暖楼梯间门节能改造时，可选用下列措施：

1 严寒、寒冷地区建筑的外门口应设门斗或热空气幕；

2 非供暖楼梯间门宜为保温、隔热、防火、防盗一体的单元门；

3 外门、楼梯间门应在缝隙部位设置耐久性和弹性好的密封条；

4 外门应设置闭门装置，或设置旋转门、电子感应式自动门等。

6.2.13 透明幕墙、采光顶节能改造应提高幕墙玻璃和外框型材的保温隔热性能，并应保证幕墙的安全性能，根据实际情况，应选用下列措施：

1 透明幕墙玻璃可更换保温性能好的中空玻璃，或增加中空玻璃的中空层数；

2 可采用低辐射中空玻璃，或采用在原有玻璃的表面贴膜或涂膜工艺；

3 更换幕墙外框时，直接参与传热过程的型材应选择隔热效果好的断热型材；

4 在保证安全的前提下，可增加透明幕墙的可开启扇，除超高层及特别设计的透明幕墙外，透明幕墙的可开启面积宜大于外墙总面积的 12%。

6.3 供暖通风空调及生活热水系统节能改造设计

6.3.1 冷热源系统设计应符合下列要求：

1 冷热源系统节能改造时，首先应充分挖掘现有设备的节能潜力，并应在现有设备不能满足需求时，再予以更换；

2 冷热源系统改造应根据系统原有的运行记录，进行整个供冷、供暖季负荷的计算和分析，保证改造后的设备容量和配置满足使用要求，且冷热源系统在不同负荷变化时，能保持高效运行；

3 冷热源进行更新改造时，应在原有供暖、通风和空调及生活热水供应系统的基础上，根据改造后建筑的规模、使用特征，结合建筑机房、管道井、能源供应等条件综合确定冷热源的改造方案；

4 冷热源更新改造后，系统供回水温度应能基本满足原有管道和空调末端系统的配置要求；

5 冷水机组或热泵机组的容量与系统负荷不匹配时，在确保系统安全性及经济性的情况下，宜在原有冷水机组或热泵机组上，增设变频装置，以提高机组的实际运行效率；

6 当更换冷热源设备时，更换后的设备性能应符合现行国家标准《公共建筑节能设计标准》GB 50189 的相关规定；

7 对于冬季或过渡季存在供冷需求的建筑，在保证安全运行的条件下，宜采用冷却塔供冷的方式；

8 当更换生活热水供应系统的锅炉及加热设备时，更换后的设备应具有根据设定供水温度自动调节的功能；

9 集中热水供应系统的热源，宜优先利用余热、废热、可再生能源或空气源热泵作为热水供应热源，当采用空气源热泵热水机组时，其性能系数应符合现行国家标准《公共建筑节能设计标准》GB 50189 的相关规定；

10 燃气锅炉和燃油锅炉排烟温度过高时，宜增设烟气热回收装置；

11 冷热源改造为地源热泵系统时，宜保留原有系统中与地源热泵系统相适合的设备和装置，构成复合能源系统；

12 在既有公共建筑中增设或改造太阳能热水系统时，太阳能热水系统的形式，应根据建筑物类型、使用功能、热水供应方式、安装条件等因素，经技术经济综合比较后确定。

6.3.2 输配系统设计应符合下列要求：

1 原有输配系统的水泵、风机重新更换时，空调水系统或风系统的输送效率应满足现行国家标准《公共建筑节能设计标准》GB 50189 的相关规定。

2 对于全空气空调系统，当各空调区域的冷、热负荷差异和变化大，低负荷运行时间长，且需要分别控制各空调区温度时，经技术论证可行，宜通过增设风机变速控制装置，将定风量系统改造为变风量系统。

3 当原有输配系统的水泵规格过大，经技术论证可行，宜采取水泵变频控制装置或更换水泵。

4 对于冷热负荷随季节或使用情况变化较大的定流量水系统，在确保系统运行安全可靠的前提下，经技术论证可行，可通过增设变速控制装置等措施,将定流量系统改造为变流量系统。

5 对于系统较大、阻力较高、各环路负荷特性或压力损失相差较大的一级泵系统,在确保具有较大的节能潜力和经济性的前提下,可将其改造为二级泵系统,二级泵应采用变流量的控制方式。

6 空调冷热管道的绝热材料与厚度,应满足现行国家标准《公共建筑节能设计标准》GB 50189 的相关规定。

7 公共建筑的冷热源改造为地源热泵系统时,应符合下列要求:

1)地源热泵系统的空调供回水温度,应能保证改造后与保留的原有输配系统和空调末端系统匹配;

2)当地源热泵系统地埋管换热器的出水温度、地下水或地表水的温度满足末端进水需求时,应设置能直接提供空调末端设备使用的管路。

8 在既有公共建筑中增设或改造太阳能热水系统,管道应布置合理,不影响建筑物使用功能和外观。

6.3.3 末端系统设计应符合下列要求:

1 对于全空气空调系统,有条件时宜按实现全新风和可调新风比的运行方式进行设计。新风量的控制和工况转换,宜采用新风和回风的焓值控制方法。

2 人员密度相对较大且人员数量变化较大的区域，宜采用新风需求控制。

3 过渡季节或供暖季节局部房间需要供冷时，宜优先采用直接利用室外空气进行降温的方式。

4 当进行新、排风系统的改造时，应对可回收能量进行分析，合理设置排风热回收装置。排风热回收装置应满足下列规定：

1）排风量与新风量比值（R）宜为 0.75～1.33；

2）排风热回收装置的交换效率（在标准规定的装置性能测试工况下，$R=1$）应符合表 6.3.3 的规定。

表 6.3.3　排风热回收装置交换效率

类型	交换效率（%）	
	制冷	制热
焓效率	>50	>55
温度效率	>60	>65

5 对于餐厅、食堂和会议室等高负荷区域空调通风系统的改造，应根据区域的使用特点，选择合适的系统形式和运行方式。

6 对于原设计不合理，或者使用功能改变而造成的原有系统分区不合理的情况，在进行改造设计时，应根据目前的实际使用情况，对空调系统重新进行分区设置。

6.4 供配电与照明节能改造设计

6.4.1 供配电与照明系统的改造设计宜结合系统主要设备的更新换代和建筑物的功能升级进行。

6.4.2 当供配电系统改造需要增减用电负荷时，应重新对供配电容量、电线电缆和母线规格、供配电线路和保护电器的选择性配合等参数进行核算。

6.4.3 对变压器的改造应根据用电设备实际耗电量总和，重新计算变压器容量，并采用低损耗、低噪声的节能变压器。

6.4.4 未设置用电分项计量的系统应根据变压器、配电回路原有设置情况，结合建筑物内部使用功能，合理设置分项计量监测系统。分项计量电能表宜具有远传功能。

6.4.5 无功补偿宜优先采用自动补偿、动态补偿、末端补偿、集中补偿的方式进行，补偿后仍达不到要求时，宜更换补偿设备。

6.4.6 无功补偿宜优先采用的投切方式为自动补偿、动态补偿，调节方式应采用无功功率参数调节。补偿装置宜采用就地平衡补偿，并应符合下列要求：

    1 容量较大，负荷平稳且经常使用的用电设备的无功功率宜单独就地补偿。

    2 补偿基本无功功率的电容器组，应在配变电所内集中补偿。

3 经补偿后仍达不到要求时，应更换补偿设备，补偿设备应满足《供配电系统设计规范》GB 50052 和《并联电容器装置设计规范》GB 50227 的相关规定。

6.4.7 照明配电系统改造设计时各回路容量应按现行国家标准《建筑照明设计标准》GB 50034 的规定对原回路容量进行校核，并应选择符合节能评价值和节能效率的灯具。

6.4.8 当公共区照明采用就地控制方式时，宜设置声控或延时等感应功能；当公共区照明采用集中监控系统时，宜根据照度自动控制照明。

6.4.9 照明系统节能改造设计时各场所内照明功率密度值不应大于《建筑照明设计标准》GB 50034 中的有关规定。

6.4.10 照明配电系统改造设计应满足节能控制的需要，且照明配电回路应配合节能控制的要求分区、分回路设置。

6.4.11 照明系统节能改造应根据不同的场所，选用合适的照明光源，宜优先采用下列光源：直管荧光灯、紧凑型荧光灯、金属卤化物灯、LED 灯。

6.4.12 公共建筑进行节能改造设计时，应充分利用自然光来减少照明负荷。

6.5 监测与控制节能改造设计

6.5.1 监测与控制系统应实时采集数据，对设备的运行情况进行记录，且应具有历史数据保存功能，与节能相关的数据应能至少保存 12 个月。

6.5.2 监测与控制系统的改造应结合供暖通风空调与热水系统、供配电与照明系统等的改造一起配合进行，系统改造应具备节能先进性、适用性、可靠性、开放性、兼容性和扩展性。

6.5.3 冷热源监控系统宜对冷冻、冷却水进行变流量控制，应具备连锁保护功能。

6.5.4 公共场合的空调末端温控器宜联网控制。

6.5.5 低压配电系统电压、电流、有功功率、功率因数等监测参数宜通过数据网关与监测与控制系统集成，满足用电分项计量的要求。

6.5.6 监测与控制系统改造应遵循下列原则：

1 应根据控制对象的特性，合理设置控制策略；

2 当需要与其他控制系统连接时，应采用标准、开放接口；

3 当采用数字控制系统时，宜将变配电、智能照明等机电设备的监测纳入该系统之中；

4 涉及修改冷水机组、水泵、风机等用电设备运行参数时，应做好保护措施；

5 改造应满足管理的需求。

6.5.7 生活热水供应监控系统应具备下列功能：

1 热水出口压力、温度、流量显示；

2 运行状态显示；

3 顺序启停控制；

4 安全保护信号显示；

5 设备故障信号显示；

6 能耗量统计记录；

7 热交换器按设定出水温度自动控制进汽或进水量。

6.5.8 照明系统的监测与控制宜具有下列功能：

1 分组照明控制；

2 经济技术合理时，办公区域宜采用照明调节控制；

3 照明系统与遮阳系统的联动控制；

4 走道、门厅、楼梯的照明控制；

5 洗手间的照明控制与感应控制；

6 泛光照明的控制；

7 停车场照明控制。

6.6 可再生能源利用

6.6.1 公共建筑进行节能改造时，有条件的场所应优先设计利用可再生能源。

6.6.2 公共建筑的冷热源改造为地源热泵系统前，应根据国家现行标准《地源热泵系统工程技术规范》GB 50366 对建筑物所在地的工程场地及浅层地热能资源状况进行勘察，并应从技术可行性、可实施性和经济性等方面进行综合论证，确定是否采用地源热泵系统。

6.6.3 公共建筑的冷热源改造为地源热泵系统时，地源热泵系统的设计应符合现行国家标准《地源热泵系统工程技术规范》GB 50366 及《四川省地源热泵系统工程技术实施细则》DB 51/5067 的规定。

6.6.4 增设或改造的地源热泵系统制冷系统能效比不应低于3.0，制热系统能效比不应低于 2.6。

6.6.5 结合建筑场地、自然条件、冷热负荷等特点，可不限定于地源热泵的单一形式或单纯依靠地源热泵，可采用复合式地源热泵系统，如地埋管与地下水复合、地源热泵与冷却塔复合。

6.6.6 地源热泵系统供回水温度，应能保证原有输配系统和空调末端系统的设计要求。

6.6.7 建筑物有生活热水需求时，地源热泵系统应采用热泵热回收技术提供或预热生活热水。

6.6.8 当地源热泵系统地埋管换热器的出水温度、地下水或地表水的温度满足末端进水温度需求时，应设置直接利用的管路和装置。

6.6.9 公共建筑进行节能改造时，应根据当地的年太阳辐照量和年日照时数确定太阳能的可利用情况。

6.6.10 公共建筑进行节能改造时，应根据所在地的气候、太阳能资源、建筑物类型、使用功能、业主要求、投资规模及安装条件等因素综合确定采用的太阳能系统形式。

6.6.11 在公共建筑上增设或改造的太阳能热水系统,应符合现行国家标准《民用建筑太阳能热水系统应用技术规范》GB 50364 的规定。不同资源区的太阳能热水系统太阳能保证率应符合表 6.6.11 的规定。

表 6.6.11 不同资源区的太阳能热水系统的太阳能保证率

资源区划	年太阳辐照量 [MJ/（m²·a）]	太阳能保证率（%）
Ⅰ资源丰富区	≥6 700	≥60
Ⅱ资源较富区	5 400～6 700	≥50
Ⅲ资源一般区	4 200～5 400	≥40
Ⅳ资源贫乏区	<4 200	≥30

6.6.12 在公共建筑上增设或改造的太阳能供热供暖系统,应符合现行国家标准《太阳能供热供暖工程技术规范》GB 50495 的规定。不同资源区的太阳能供暖系统太阳能保证率应符合表 6.6.12 的规定。

表 6.6.12 不同资源区的太阳能供暖系统的太阳能保证率

资源区划	年太阳辐照量 [MJ/（m²·a）]	太阳能保证率（%）	
		短期蓄 热系统	季节蓄 热系统
Ⅰ资源丰富区	≥6 700	≥50	≥60

资源区划	年太阳辐照量 [MJ/（m²·a）]	太阳能保证率（%）	
		短期蓄热系统	季节蓄热系统
Ⅱ资源较富区	5 400 ~ 6 700	30 ~ 50	40 ~ 60
Ⅲ资源一般区	4 200 ~ 5 400	10 ~ 30	20 ~ 40
Ⅳ资源贫乏区	<4 200	5 ~ 10	10 ~ 20

6.6.13 在公共建筑上增设或改造的太阳能制冷系统,应符合现行国家标准《民用建筑太阳能空调工程技术规范》GB 50787的规定。不同资源区的太阳能制冷系统太阳能保证率应符合表6.6.13的规定。

表 6.6.13 不同资源区的太阳能制冷系统的太阳能保证率

资源区划	年太阳辐照量 [MJ/（m²·a）]	太阳能保证率（%）	
		短期蓄热系统	季节蓄热系统
Ⅰ资源丰富区	≥6 700	≥40	≥50
Ⅱ资源较富区	5 400 ~ 6 700	20 ~ 40	30 ~ 50
Ⅲ资源一般区	4 200 ~ 5 400	0 ~ 20	10 ~ 30
Ⅳ资源贫乏区	<4 200	—	—

6.6.14 在公共建筑上增设或改造的太阳能光伏系统,应符合现行行业标准《民用建筑太阳能光伏系统技术规范》JGJ 203的规定。太阳能光伏发电系统的光电转换效率:晶体硅电池不应低于8%,薄膜电池不应低于4%。

34

6.6.15 不同资源区的被动式太阳房太阳能供暖保证率应符合表 6.6.15 的规定。

表 6.6.15 不同资源区的太阳能供暖保证率

资源区划	年太阳辐照量 [MJ/（m² · a）]	太阳能供暖保证率（%）
Ⅰ资源丰富区	≥6 700	≥55
Ⅱ资源较富区	5 400 ~ 6 700	≥50
Ⅲ资源一般区	4 200 ~ 5 400	≥45
Ⅳ资源贫乏区	<4 200	≥40

6.6.16 采用太阳能光伏发电系统时，应根据当地的太阳辐照参数和建筑的负载特性，确定太阳能光伏系统的总功率，并应依据所设计系统的电压电流要求，确定太阳能光伏电板的数量。

6.6.17 太阳能光伏发电系统生产的电能宜为建筑自用，也可并入电网。并入电网的电能质量应符合现行国家标准《光伏系统并网技术要求》GB/T 19939 的要求，并应符合相关的安全与保护要求。

6.6.18 在公共建筑上增设太阳能系统时，必须满足结构、抗震、电气、风荷载等方面要求，确保建筑及系统安全，不得影响建筑物及相邻建筑物的使用功能，且宜实现太阳能与建筑协调一致。

7 节能改造施工

7.1 围护结构节能改造施工

7.1.1 外围护结构节能改造施工前应编制专项施工方案，改造施工应符合现行国家标准《建筑节能工程施工质量验收规范》GB 50411 及现行四川省标准《四川省建筑节能工程施工质量验收规程》DB51/5033 的规定。

7.1.2 外墙采用可粘结工艺的外保温改造方案时，应检查基墙墙面的性能。粘结类保温系统，不能直接粘在墙砖或涂料面上，基墙墙面应满足表 7.1.2 的要求。

表 7.1.2 基墙墙面性能指标要求

基墙墙面性能指标	要求
外表面的风化程度	无风化、疏松、开裂、脱落等
外表面的平整度偏差	±3 mm
外表面的污染度	无积灰、泥土、油污、霉斑等附着物，无裸露钢筋
外表面的裂缝	无结构性和非结构性裂缝
饰面砖的空鼓率	≤10%
饰面砖的破损率	≤20%
饰面砖的粘结强度	≥0.4 MPa

7.1.3 当基墙墙面性能指标不满足本规程表 7.1.2 的要求时，应对基墙墙面进行处理，并可采用下列处理措施：

1 对裂缝、渗漏、冻害、析盐、侵蚀所产生的损坏部位进行修复；

2 对墙面缺损、孔洞应填补密实，损坏的砖或砌块应进行更换；

3 对表面油迹、疏松的砂浆进行清理；

4 外墙饰面砖应根据实际情况全部或部分剔除，也可采用界面剂处理。

7.1.4 外墙采用内保温改造方案时，应对外墙内表面进行下列处理：

1 对内表面涂层、积灰油污及杂物、粉刷空鼓应刮掉并清理干净；

2 对内表面脱落、虫蛀、霉烂、受潮所产生的损坏部位进行修复；

3 对裂缝、渗漏进行修复，墙面的缺损、孔洞应填补密实；

4 对原不平整的外围护结构表面加以修复；

5 室内各类主要管线安装完成并经试验检测合格后，方可进行内保温施工。

7.1.5 外墙外保温系统与基层应有可靠的结合，保温系统与墙身的连接、粘结强度应符合现行行业标准《外墙外保温工程技术规程》JGJ 144 的要求。

7.2 供暖通风空调及生活热水系统节能改造施工

7.2.1 供暖、通风和空调及生活热水系统节能改造工程使用的材料、设备进场验收合格后，方可使用。

7.2.2 冷热源系统施工应符合下列要求：

1 制冷设备、制冷系统管道、管件和阀门的安装应符合现行国家标准《通风与空调工程施工规范》GB 50378 中的相关规定。

2 锅炉设备基础的混凝土强度必须达到设计要求，基础的坐标、标高、几何尺寸和螺栓孔位置应符合现行国家标准《建筑给水排水及供暖工程施工质量验收规范》GB 50242 中的相关规定。

3 更换冷却塔，其安装应符合下列要求：

1）冷却塔地脚螺栓与预埋件的连接或固定应牢固，各连接部件应采用热镀锌或不锈钢螺栓，其紧固力应一致、均匀；

2）冷却塔安装应水平；

3）同一冷却水系统中冷却塔集水盘水位高度应一致；

4）冷却塔的出水口及喷嘴的方向和位置应正确，积水盘应严密无渗漏，布水器应布水均匀。

4 更换冷却塔填料应符合下列要求：

1）填料块与块之间应挤紧，不得有松动；

2）更换已损坏的填料。

5 既有公共建筑屋面增设太阳能热水系统时，应对建筑屋面防水层及建筑物附属设施实施保护。如造成损坏，应在安装后及时修复。

7.2.3 输配系统施工应符合下列要求：

1 水泵、风机加装变频器时，应符合下列规定：

1）变频器不应安装在易受灰尘、腐蚀或爆炸性气体、导电粉尘等污染的环境里；

2）变频器设备安装时，柜体应牢固安装于基座上，应有可靠的接地措施；

3）安装过程中，应防止设备受到撞击和震动，柜体不得倒置，倾斜角度不得超过30°。

2 重新布置风管或水管时，风管、水管的安装应符合现行国家标准《通风与空调工程施工规范》GB 50378 中的有关规定。

3 更换风机或水泵时，风机、水泵的安装应符合现行国家标准《通风与空调工程施工规范》GB 50378 中的有关规定。

4 更换管道绝热层时，应符合下列要求：

1）拆除损坏的绝热层，对管道表面进行防腐处理；

2）绝热层粘贴应牢固、铺设应平整；

3）更换部分绝热层时，新增绝热层与原有绝热层拼接缝隙应用粘结材料勾缝填满；

4）保冷管道的隔气层不应破损。

7.2.4 末端系统施工应符合下列要求：

1 风机盘管的安装应符合下列要求：

1）风机盘管机组应设独立支、吊架，安装的位置、高度及坡度应正确，固定应牢固；

2）机组与风管、回风箱或风口的连接，应严密、可靠。

2 组合式空调机组的安装应符合下列要求：

1）组合式空调机组各功能段之间的连接应紧密，整体应平直；

2）机组与供回水管的连接应正确；

3）机组内空气过滤器（网）和空气热交换器翅片应清洁、完好。

3 排风热回收装置的安装应符合下列要求：

1）排风热回收装置安装在室外时，应采取防雨措施；

2）机组安装时，必须牢固可靠，所用型钢支架应有足够的强度，接口全部焊接；

3）凝结水管应保持一定的坡度，并坡向排出方向。

7.3 配电照明与监测控制节能改造施工

7.3.1 供配电与照明系统的改造不宜影响公共建筑的工作、生活环境，改造期间应有保障临时用电的技术措施。

7.3.2 供配电与照明系统的改造应在满足用电安全、功能要求和节能需要的前提下进行，并应采用高效节能的产品和技术。

7.3.3 供配电与照明系统的改造施工质量应符合现行国家标准《建筑节能工程施工质量验收规范》GB 50411 和《建筑电气工程施工质量验收规范》GB 50303 的要求。

7.3.4 供配电系统改造的线路敷设宜使用原有路由进行敷设。当现场条件不允许或原有路由不合理时，应在不造成主体结构安全隐患的前提下，按照科学合理、方便施工的原则重新敷设。

7.3.5 供配电电能质量改造应根据测试结果确定需进行改造的位置和方法，并宜符合下列要求：

1 对于三相负载不平衡的回路宜采用定期分配回路上用电设备、增加改善三相平衡设备的方法，改造后应满足《电能质量三相电压允许不平衡度》GB/T 15543 的要求。

2 功率因数的改善宜优先采用自动补偿、动态补偿、分相补偿、末端补偿、集中补偿的方式，补偿时应考虑尽量靠近末端设备进行补偿，并规避发生系统串、并联谐振的情况，改造后应满足《电能质量供电电压允许偏差》GB/T 12325、《电能质量电力系统频率允许偏差》GB/T 15945、《电能质量电压波动和闪变》GB/T 12326 和《电能质量暂时过电压和瞬态过电压》GB/T 18481 的要求。

3 谐波治理应根据谐波源制订针对性方案，采用有针对

3、5、7、11、13 等奇次谐波的治理设备和方案进行治理，治理后应满足《电能质量公用电网谐波》GB/T 14549、《电能质量公用电网间谐波》GB/T 24337 的要求。

4 电压偏差高于标准值时宜采用合理方法降低电压和稳定电压，改造后应满足《电能质量供电电压允许偏差》GB/T 12325、《电能质量电压波动和闪变》GB/T 12326 和《电能质量暂时过电压和瞬态过电压》GB/T 18481 的要求。

7.3.6 冷热源、供暖通风空调系统的监测与控制系统调试，应在完成各自的系统调试并达到设计参数后再进行，并应确认采用的控制方式能满足预期的控制要求。

7.4 可再生能源利用

7.4.1 可再生能源利用工程完成后应进行调试，确保可再生能源系统整体运行情况达到设计要求。

7.4.2 连接太阳能光伏发电系统和电网的专用低压开关柜应有醒目标识。标识的形状、颜色、尺寸和高度应符合现行国家标准《安全标志》GB 2894 及《安全标志使用导则》GB 16179 的规定。

8 节能改造验收

8.0.1 公共建筑节能改造工程的验收应按照现行国家标准《建筑节能工程施工质量验收规范》GB 50411 及现行四川省标准《四川省建筑节能工程施工质量验收规程》DB51/5033 执行。

8.0.2 节能改造工程中涉及的规划、消防、结构、电气等工程施工质量专项验收应符合相关国家及四川省标准、规范的规定，未改造的环节无须进行施工质量验收。

8.0.3 外围护结构节能改造工程应在全部完成并提交下列文件和记录后进行验收：

    1 围护结构节能改造工程施工图、设计说明及其他设计文件；

    2 主要材料、构件的质量证明文件、性能检测报告和进场验收记录、复验报告；

    3 所选用外墙外保温系统有效期内的型式检验报告；

    4 外窗气密性检测报告；

    5 围护结构钻芯取样报告；

    6 保温系统与基层粘结强度现场拉拔试验报告；

    7 隐蔽工程验收记录；

    8 围护结构各分项工程施工质量验收记录。

8.0.4 供暖通风空调与生活热水系统节能改造工程应在全部

完成并提交下列文件和记录后进行验收：

    1 空调系统节能改造工程设计文件、设计说明及其他文件；

    2 主要材料、设备和构件的质量证明文件、性能检测报告和进场验收记录、复验报告；

    3 风管及系统气密性检验记录；

    4 设备试运转及调试记录；

    5 系统节能性能检测报告；

    6 隐蔽工程验收记录；

    7 施工记录；

    8 空调系统各分项工程施工质量验收记录。

8.0.5 供配电与照明系统节能改造工程应在全部完成并提交下列文件和记录后进行验收：

    1 供配电与照明系统节能改造工程设计文件、设计说明及其他文件；

    2 主要材料、设备和构件的质量证明文件、性能检测报告和进场验收记录、复验报告；

    3 低压配电系统调试记录；

    4 低压配电电源质量检测报告；

    5 照明系统照度及照明功率测试值；

    6 隐蔽工程验收记录；

    7 供配电与照明系统各分项工程施工质量验收记录。

8.0.6 监测与控制系统节能改造工程应在全部完成并提交下

列文件和记录后进行验收：

    1 监测与控制系统节能改造工程设计文件、设计说明及其他文件；

    2 主要材料、设备和构件的质量证明文件、性能检测报告和进场验收记录；

    3 系统检测记录；

    4 隐蔽工程验收记录；

    5 监测与控制系统各分项工程施工质量验收记录。

8.0.7 可再生能源利用节能改造工程应在全部完成并提交下列文件和记录后进行验收：

    1 可再生能源利用节能改造工程设计文件、设计说明及其他文件；

    2 与可再生能源利用节能改造工程相关的主要材料、设备和构件的质量证明文件、进场验收记录、进场核查记录、进场复验报告和见证试验报告；

    3 可再生能源利用节能改造工程相关的隐蔽工程验收记录和资料；

    4 设备试运转及调试记录；

    5 系统节能性能检测报告；

    6 地源热泵系统对水文、地质、生态和相关物理化学指标的影响分析，地下水源热泵系统回灌实验记录；

    7 可再生能源利用节能改造工程中的各分项工程质量验收记录，并核查部分检验批次验收记录。

9 节能改造评估

9.1 一般规定

9.1.1 公共建筑节能改造后，应对建筑物的室内环境进行检测和评估，室内热环境应达到《公共建筑节能设计标准》GB/T50189 中的相关设计要求。

9.1.2 建筑节能改造后，应进行下列工作：

1 对建筑的室内环境进行检测和评估；

2 对建筑内相关的设备和运行情况进行检查；

3 在相同的运行工况下采取同样的检测方法，对被改造的系统或设备进行检测和评估；

4 定期对节能效果进行评估。

9.1.3 建筑节能改造效果评估前，应收集下列资料：

1 改造前节能检测及诊断报告；

2 节能改造方案；

3 节能计算、设计资料、施工图审查资料；

4 节能改造后能耗运行数据及相关的检测报告。

9.1.4 节能改造效果应采用节能量进行评估。改造后的节能量应按下式进行计算：

$$E_{节约} = E_{基准} - E_{当前} + E_{调整} \qquad (9.1.4)$$

式中 $E_{节约}$——节能措施的节能量；

$E_{基准}$——基准能耗，即节能改造前，1 年内设备或系统的能耗，也就是改造前的能耗；

$E_{当前}$——当前能耗，即改造后的能耗；

$E_{调整}$——调整量。

9.2 节能改造效果评估方法

9.2.1 节能改造效果可采用下列 3 种方法进行评估：

1 测量法；

2 账单分析法；

3 校准化模拟法。

9.2.2 符合下列情况之一时，宜采用测量法进行评估：

1 仅需评估受节能措施影响的系统的能效；

2 节能措施之间或与其他设备之间的相互影响可忽略不计或可测量和计算；

3 影响能耗的变量可以测量，且测量成本较低；

4 建筑内装有分项计量表；

5 期望得到单个节能措施的节能量。

9.2.3 符合下列情况之一时，宜采用账单分析法进行评估：

1 需评估改造前后整幢建筑的能效状况；

2 建筑中采取了多项节能措施，且存在显著的相互影响；

3 被改造系统或设备与建筑内其他部分之间存在较大的

相互影响，很难采用测量法进行测量或测量费用很高；

  4 很难将被改造的系统或设备与建筑的其他部分的能耗分开；

  5 期望的节能量比较大，足以摆脱其他影响因素对能耗的随机干扰。

9.2.4 符合下列情况之一时，宜采用校准化模拟法进行评估：

  1 无法获得整幢建筑改造前或改造后的能耗数据，或获得的数据不可靠；

  2 建筑中采取了多项节能措施，且存在显著的相互影响；

  3 被改造系统或设备与建筑内其他部分之间存在较大的相互影响，很难采用测量法进行测量；

  4 被改造的建筑和采取的节能措施可以用成熟的模拟软件进行模拟，并有实际能耗或负荷数据进行比对。

9.2.5 采用测量法进行评估时，应符合下列要求：

  1 当被改造系统或设备运行负荷较稳定时，可只测量关键参数，其他参数宜估算确定；

  2 当被改造系统或设备运行负荷变化较大时，应对与能耗相关的所有参数进行测量；

  3 当实施节能改造的设备数量较多时，宜对被改造的设备进行抽样测量。

9.2.6 采用校准化模拟法进行评估时，应符合下列规定：

  1 评估前应制订校准化模拟方案；

2 应采用逐时能耗模拟软件,且气象资料应为 1 年(8 760 h)的逐时气象参数;

3 除了节能改造措施外,改造前的能耗模型(基准能耗模型)和改造后的能耗模型应采用相同的输入条件。

9.2.7 当改造前后建筑的入住率、设备容量或用能习惯存在较大变化时,宜采用校准化模拟法计算改造后的节能率,评估节能改造效果。

9.2.8 计算节能量时,应进行不确定性分析,并应注明计算得到节能量的不确定度或模型的精度。

9.3 围护结构节能改造效果评估

9.3.1 当公共建筑进行了透明幕墙改造时,应对改造后的透光材料、玻璃光学性能进行测试,按现行行业标准《建筑门窗玻璃幕墙热工计算规程》JGJ/T 151 的相关规定计算透明幕墙的传热系数、遮阳系数、可见光透射比。

9.3.2 当公共建筑进行了外遮阳装置改造时,应对透明、半透明的遮阳材料的光学性能进行测试,按现行行业标准《建筑门窗玻璃幕墙热工计算规程》JGJ/T 151 的相关规定计算遮阳装置的遮阳系数。

9.3.3 公共建筑进行节能改造后,对改造的屋面、外墙的传热系数及外窗(包括透明幕墙)的传热系数、综合遮阳系数进行计算及检测，评估是否满足《公共建筑节能设计标准》GB 50189 的规定性指标限值的要求。

9.3.4 宜采用校准化模拟法计算改造后的节能率，评估节能改造效果。

9.4 设备与系统节能改造效果评估

9.4.1 对进行改造的供暖通风空调系统及其他耗能设备进行实际性能系数现场检测，与改造前的进行对比、评估。

9.4.2 宜采用测量法或校准化模拟法计算设备与系统改造后的节能率，评估节能改造效果。

9.5 节能改造效果综合评估

9.5.1 当对公共建筑的围护结构热工性能、设备与系统等进行了综合改造时，宜采用校准化模拟法或账单分析法计算改造后的节能率，进行节能改造效果评估。

本规程用词说明

1 为便于在执行本规程条文时区别对待，对要求严格程度不同的用词说明如下：

1）表示很严格，非这样做不可的：

正面词采用"必须"，反面词采用"严禁"；

2）表示严格，在正常情况下均应这样做的：

正面词采用"应"，反面词采用"不应"或"不得"；

3）表示允许稍有选择，在条件许可时首先应这样做的：

正面词采用"宜"，反面词采用"不宜"。

4）表示有选择，在一定条件下可以这样做的，采用"可"。

2 条文中指明应按其他有关标准执行时，写法为："应符合……的规定"或"应按……执行"。

引用标准名录

1 《安全标志》GB 2894

2 《安全标志使用导则》GB 16179

3 《通风机能效限定值及节能评价值》GB 19761

4 《清水离心泵能效限定值及节能评价值》GB 19762

5 《建筑设计防火规范》GB 50016

6 《建筑照明设计标准》GB 50034

7 《供配电系统设计规范》GB50052

8 《自动化仪表工程施工及验收规范》GB 50093

9 《民用建筑热工设计规范》GB 50176

10 《公共建筑节能设计标准》GB 50189

11 《屋面工程质量验收规范》GB 50207

12 《建筑内部装修设计防火规范》GB 50222

13 《并联电容器装置设计规范》GB 50227

14 《建筑给水排水及供暖工程施工质量验收规范》
GB 50242

15 《通风与空调工程施工质量验收规范》GB 50243

16 《建筑电气工程施工质量验收规范》GB 50303

17 《屋面工程技术规范》GB 50345

18 《民用建筑太阳能热水系统应用技术规范》GB 50364

19 《地源热泵系统工程技术规范》GB 50366

20 《建筑节能工程施工质量验收规范》GB 50411

21 《坡屋面工程技术规范》GB 50693

22 《建筑外门窗气密、水密、抗风压性能分级及检测方法》GB/T 7106

23 《光伏系统并网技术要求》GB/T 19939

24 《建筑幕墙》GB/T 21086

25 《金属与石材幕墙工程技术规范》JGJ 133

26 《外墙外保温工程技术规程》JGJ 144

27 《混凝土结构后锚固技术规程》JGJ 145

28 《公共建筑节能检验标准》JGJ 177

29 《倒置式屋面工程技术规范》JGJ 230

30 《四川省建筑节能工程施工质量验收规程》DB 51/5033

31 《四川省民用建筑节能检测评估标准》DBJ 51/T017

四川省工程建设地方标准

四川省公共建筑节能改造技术规程

DBJ51/T 058 – 2016

条 文 说 明

目 次

1 总 则

1.0.1 我省公共建筑约占城乡房屋建筑总面积的 10.3%，但公共建筑能耗约占建筑总能耗的 20%，国家机关和大型公共建筑单位面积用电量是居住建筑的 7.5 倍,中小型公共建筑单位面积用电量是居住建筑的 4 倍。大型公共建筑耗电巨大，其中采用中央空调的大型商厦、办公楼、宾馆的能耗（包括空调、供暖、照明等）费用为每平方米 70～300 元/年，政府机构公共建筑的能耗费用每平方米在 100 元/年左右。2007 年年底，住房和城乡建设部发布《关于加强国家机关办公建筑和大型公共建筑节能管理工作的实施意见》(建科〔2007〕245 号) 和《国家机关办公建筑和大型公共建筑节能监管体系建设实施方案》，要求建立包括"能耗统计、能源审计、能效公示、能耗监测"的节能监管体系,其最终目的是推动公共建筑的节能改造。

目前，国家已颁布了《公共建筑节能改造技术规范》JCJ 176-2009，为我国的节能改造提出了很好的原则与技术框架。但我国地域广阔，各地区之间在气候、环境、资源、人文地理方面都有着巨大的差异，很难用一个全国性的统一标准来实施节能改造。四川省气候区域复杂，包含夏热冬冷、严寒、寒冷和温和地区，各气候区经济发展水平和气候特点各不相同。为了规范和指导我省公共建筑的节能改造工作，提高四川地区公共建筑节能改造的技术水平，根据四川省住房和城乡建设厅《关于下达四川省地方标准〈四川省公共建筑节能改造技术规程〉编制计划的通知》（川建标发〔2011〕177号），由四川省建筑科学研究院会同有关单位共同编制本标准。

1.0.2 公共建筑包括办公（机关和非机关）、商场、宾馆、学校、医院等。我省公共建筑能耗调研数据表明，公共建筑主要采用分体空调以及集中空调或多联机，其中采用集中空调的占21.7%，其余的占78.3%。超过95%的公共建筑以电作为空调系统的能源。在公共建筑中，尤以办公建筑、商场建筑、宾馆建筑等几类建筑在建筑标准、功能及空调系统等方面有许多共性，而且能耗高、节能潜力大。因此，办公建筑、商场建筑、宾馆建筑是公共建筑节能改造的重点领域。

在公共建筑（特别是高档办公楼、高档旅馆建筑及大型商场）的全年能耗中，50%～60%消耗于供暖、通风、空调、生活热水，20%～30%用于照明。而在供暖、通风、空调、生活热水这部分能耗中，20%～50%的由外围护结构传热所消耗(夏热冬冷地区大约35%，寒冷地区大约40%，严寒地区大约50%)，30%～40%为处理新风所消耗。从目前情况分析，公共建筑在外围护结构、供暖、通风、空调、生活热水、照明方面有较大的节能潜力。所以本规程节能改造的主要目标是降低供暖、通风、空调、生活热水及照明方面的能源消耗。电梯节能是公共建筑节能的重要组成部分,但由于电梯设备在应用及管理上的特殊性,电器设备的节能主要取决于产品,因此本规程不包括电梯、电器设备、炊事等方面的内容。公共建筑空调耗电见表1。

表1 公共建筑空调电耗

类型	学校	机关办公	非机关办公	商场	宾馆	医院
总电耗 [kW·h/(m² · a)]	39.05	50.84	60.05	92.80	87.32	122.37
空调电耗 [kW·h/(m² · a)]	2.80	20.20	18.50	30.00	22.80	15.50
空调电耗比例(%)	7.2	39.7	30.8	32.2	26.1	12.7

电器设备是指办公设备(电脑、打印机、复印件、传真机等)、饮水机、电视机、监控器等与供暖、通风、空调、生活热水及照明无关的用电设备。

本规程仅涉及建筑外围护结构、用能设备及系统等方面的节能改造。改造完毕后,运行管理节能至关重要。但由于运行方面的节能不单纯是技术问题,很大程度上取决于运行管理的水平,因此,本规程未包括运行管理方面的内容。

1.0.3 公共建筑节能改造的目的是节约能源消耗和改善室内热环境,但节约能源不能以降低室内舒适度作为代价,所以要在保证室内热舒适环境的基础上进行节能改造。

1.0.4 节能改造的原则是最大限度挖掘现有设备和系统的节能潜力，通过节能改造，降低高能耗环节，提高系统的实际运行能效。

1.0.5 本规程对公共建筑进行节能改造时的节能诊断、节能改造判定原则与方法、进行节能改造的具体措施和方法及节能改造评估等内容进行了规定，但公共建筑改造涉及的专业较多，相关专业均制定有相应的标准及规定，特别是进行节能改造时，应保证改造建筑在结构、防火等方面符合相关标准的规定。因此，在进行公共建筑节能改造时，除应符合本规范外，尚应符合国家现行的有关标准规定。

3 基本规定

3.1.1 公共建筑在进行结构、防火等改造时，如涉及外围护结构保温隔热方面时，可考虑同步进行外围护结构的节能改造，但外围护结构是否需要节能改造，需结合公共建筑节能改造判定原则与方法确定。需要明确的是，公共建筑进行节能改造前，不是必须要进行结构安全性鉴定，当外围护结构节能改造可能会影响到结构安全性或对结构安全性有怀疑时，可在外围护结构改造前，对结构安全性进行鉴定。

3.1.2 我省目前既有建筑节能改造工作进展缓慢，除了资金、政策方面的原因外，另一方面原因是缺乏节能改造的意识。近年来，我省进行了大量的城市临街立面改造、棚户区改造以及公共建筑的改、扩建工作，这些改造工作完全可以和节能改造相结合，因此本条特别规定在城市临街立面改造、棚户区改造时要同步进行节能改造。

3.1.3 公共建筑节能改造应遵循一定的原则。首先应进行可行性分析，从节能量、投资回收期等方面进行分析比较。如果涉及建筑结构或防火安全，还应进行相应的安全性鉴定。公共建筑在节能改造时，应考虑是否有应用可再生能源的可能性，如靠近河边的建筑，可考虑采用地表水地源热泵，如当地太阳能丰富，可考虑采用太阳能热水，但必须是太阳能热水与建筑一体化。

4 节能诊断

4.1 一般规定

4.1.2 建筑物的竣工图、设备的技术参数和运行记录、室内温湿度状况、能源消费账单等是进行公共建筑节能诊断的重要依据，节能诊断前应予以提供。室内温湿度状况指建筑使用或管理人员对房间室内温湿度的概括性评价，如舒适度、不舒服、偏热、偏冷等。

4.1.3 子系统节能诊断报告中系统概况是对子系统工程（建筑外围护结构、供暖通风空调及生活热水供应系统、供配电与照明系统、监测与控制系统）的系统形式、设备配置等情况进行文字或图表说明；检测结果为子系统工程测试结果；节能诊断与节能分析是依据节能改造判定原则与方法，在检测结果的基础上发现子系统工程存在节能潜力的环节并计算节能的潜力；改造方案与经济型分析要提出子系统工程进行节能改造的具体措施并进行静态投资回收期计算。项目节能诊断报告是对各子系统节能诊断报告内容的综合、汇总。

4.2 外围护结构热工性能

4.2.1 我省按照气候分区包含严寒、寒冷、夏热冬冷和温和四个气候区，公共建筑外围护结构节能改造时应考虑气候的差异，不同地区公共建筑外围护结构节能诊断的重点应有所差异。外围护结构的检测项目可根据建筑物所处气候区、外围护结构类型等因素有所侧重，对本条所列检测项目进行选择性节能诊断。检测方法参照国家现行标准《建筑节能工程施工质量验收规范》GB 50411、《公共建筑节能检验标准》JGJ 177 和《四川省民用建筑节能检测评估标准》DBJ 51/T017 的有关规定执行。

4.3 供暖通风空调及生活热水系统

4.3.1 由于不同公共建筑供暖通风空调及生活热水供应系统形式不同，存在的问题不同，相应的节能潜力也不同，节能诊断项目应根据项目具体情况选择确定。当无法取得相关设备的标准参数时，应按照现行行业标准《公共建筑节能检测标准》JGJ/T 177 的相关要求进行检测。

4.4 供配电系统

4.4.1 供配电系统是为建筑内所有用电设备提供动力的系统，因此用电设备是否运行合理、节能均从消耗电量来反映，因此其系统状况及合理性直接影响了建筑节能用电的水平。

4.4.2 根据有关部门规定应淘汰能耗高、落后的机电产品，检查是否有淘汰产品存在。

4.4.3 根据观察每台变压器所带常用设备一个工作周期耗电量，或根据目前正在运行的用电设备铭牌功率总和，核算变压器负载率，当变压器平均负载率在 60%～70% 时，为合理节能运行状况。

4.4.4 常用供电主回路一般包括：

1 变压器进出线回路；

2 制冷机组主供电回路；

3 单独供电的冷热源系统附泵回路；

4 集中供电的分体空调回路；

5 给水排水系统供电回路；

6 照明插座主回路；

7 电子信息系统机房；

8 单独计量的外供电回路；

9 特殊区供电回路；

10 电梯回路；

11 其他需要单独计量的用电回路。

以上这些回路设置是根据常规电气设计而定的，一般是指低压配电室内的配电柜的馈出线，分项计量原则上不在楼层配电柜（箱）处设置表计。基于这条原则，照明插座主回路就是指配电室内配电柜中的出线，而不包括层照明配电箱的出线。

对变压器进出线进行计量是为了实时监视变压器的损

耗,因为负载损耗是随着建筑物内用电设备用电量的大小而变化的。

特殊区供电回路负载特性是指餐饮、厨房、信息中心、多功能区、洗浴、健身房等混合负载。

外供电是指出租部分的用电,也是混合负载,如一栋办公楼的一层出租给商场,包括照明、自备集中空调、地下超市的冷冻保鲜设备等,这部分供电费用需要与大厦物业进行结算,涉及内部的收费管理。

分项计量电能回路用电量校核检验采用现行行业标准《公共建筑节能检验标准》JGJ 177 规定的方法。

4.4.5 建筑物内低压配电系统的功率因数补偿应满足设计要求,或满足当地供电部门的要求。要求核查调节方式主要是为了保证任何时候无功补偿均能达到要求,若建筑内用电设备出现周期性负荷变化很大的情况而未采用正确的补偿方式,则很容易造成电压水平不稳定的现象。

4.4.6 建筑物内大量使用各种电子设备、变频电器、节能灯具及其他新型办公电器等,使供配电网的非线性(谐波)、非对称性(负序)和波动性日趋严重,产生大量的谐波污染和其他电能质量问题。这些电能质量问题会引起中性线电流超过相线电流、电容器爆炸、电机的烧损、电能计量不准、变压器过热、无功补偿系统不能正常投运、继电器保护和自动装置误动跳闸等危害,同时许多网络中心、广播电视台、大型展览馆和体育场馆、急救中心和医院的手术室等大量使用的敏感设备对供配电系统的电能质量也提出了更高和更严格的要求，因此应重视电能质量问题。三相电压不平衡度、功率因数、谐波电压及谐波电流、电压偏差检验均采用现行行业标准《公共建筑节能检验标准》JGJ 177 规定的方法。

4.5 照明系统

4.5.1 灯具类型诊断方法为核查光源和附件型号，是否采用节能灯具，其能效等级是否满足国家相关标准。

　　荧光灯具包括光源部分、反光罩部分和灯具配件部分，灯具配件耗电部分主要是镇流器，国家对光源和镇流器部分的能效限定值都有相关标准，而我们使用灯具一般都配有反光罩。对于反光罩的反射效率国家目前没有相关规定，因此需要对灯具的整体效率有一个评判。照度值是测评照明是否符合使用要求的一个重要指标，防止有人为了达到规定的照明功率密度而使用照度水平低劣的产品，虽然可以满足功率密度指标，但不能满足使用功能的需要。

　　照明功率密度值是衡量照明耗电是否符合要求的重要指标，需要根据改造前的实际功率密度值判断是否需要进行改造。

　　照明控制诊断方法为核查是否采用分区控制。公共区控制的时候采用感应、声音等合理有效的控制方式。目前，公共区照明是能耗浪费的重灾区，经常出现长明灯现象，单靠人为的管理很难做到合理利用，因此需要对这部分照明加强控制和管理。

照明系统诊断还应检查有效利用自然光情况。有效利用自然光诊断方法为核查在靠近采光窗处的灯具能否在满足照度要求时手动或自动关闭。其采光系数和采光窗的面积比应符合规范要求。

照明灯具效率、照度值、功率密度值、公共区照明控制检验均采用《公共建筑节能检验标准》JGJ 177中规定的检验方法。

4.5.2 照明系统节电率是衡量照明系统改造后节能效果的重要量化指标，它比照明功率密度指标更直接更准确地反映了改造后照明实际节省的电能。

4.6 监测与控制系统

4.6.1 现行国家标准《公共建筑节能设计标准》GB 50189中规定集中供暖与空气调节系统监测与控制的基本要求如下：

1 对于冷、热源系统，控制系统应满足下列基本要求：

1）冷、热量瞬时值和累计值的监测，冷水机组优先采用由冷量优化控制运行台数的方式；

2）冷水机组或热交换器、水泵、冷却塔等设备连锁启停；

3）供、回水温度及压差的控制或监测；

4）设备运行状态的监测及故障报警；

5）技术可靠时，宜考虑冷水机组出水温度优化设定。

2 对于空气调节冷却水系统，应满足下列基本控制要求：

1）冷水机组运行时，冷却水最低回水温度的控制；

2）冷却塔风机的运行台数控制或风机调速控制；

3）采用冷却塔供应空气调节冷水时的供水温度控制；

4）排污控制。

3 对于空气调节风系统（包括空气调节机组），应满足下列基本控制要求：

1）空气温、湿度的监测和控制；

2）采用定风量全空气空调系统时，宜采用变新风比焓值控制方式；

3）采用变风量系统时，风机宜采用变速控制方式；

4）设备运行状态的监测及故障报警；

5）需要时，设置盘管防冻保护；

6）过滤器超压报警或显示。

对间歇运行的空调系统，宜设自动启停控制装置；控制装置应具备按照预定时间进行最优启停的功能。

采用二次泵系统的空气调节水系统，其二次泵应采用自动变速控制方式。

对末端变水量系统中的风机盘管，应采用电动温控阀和三档风速结合的控制方式。

其中，空气温、湿度的监测和控制、供、回水压差的控制及末端变水量系统中的风机盘管控制性能检测均采用现行行业标准《公共建筑节能检验标准》JGJ 177 中规定的检验方法。

通常，生活热水系统监测与控制的基本要求包括：

1 供水量瞬时值和累计值的监测；

2 热源及水泵等设备连锁启停；

3 供水温度控制或监测；

4 设备运行状态的监测及故障报警。

照明、动力设备监测与控制应具有对照明或动力主回路的电压、电流、有功功率、功率因数、有功电度（kW/h）等电气参数进行监测记录的功能，以及对供电回路电器元件工作状态进行监测、报警的功能。监测方法采用现行行业标准《公共建筑节能检验标准》JGJ 177 中规定的检验方法。

4.6.2 阀门型号和执行器应配套，参数应符合设计要求，其安装位置、阀前后直管段长度、流体方向等应符合产品安装要求；执行器的安装位置、方向应符合产品要求。变频器型号和参数应符合设计要求及国家有关规定。流量仪表的型号和参数、仪表前后的直管段长度等应符合产品要求。压力和差压仪表的取压点、仪表配套的阀门安装应符合产品要求。温度传感器精度、量程应符合设计要求，安装位置、插入深度应符合产品要求等。传感器（包括温湿度、风速、流量、压力等）数据是否准确，量程是否合理，阀门执行器与阀门旋转方向是否一致，阀门开闭是否灵活，手动操作是否有效；变频器、节电器等设备是否处于自控状态，现场控制器是否工作正常（包括通信、输入输出点、电池等）等。监测与控制系统中安装了大量的传感器、阀门及配套执行器、变频器等现场设备，这些现场设备的安装直接影响控制功能和控制精度，因此应特别注意这些设备的安装和线路敷设方式，严格按照产品说明书的要求安装，产品说明中没有注明安装方式的应按照现行国家标准《自动化仪表工程施工及验收规范》GB 50093 的规定执行。

4.7 综合诊断

4.7.1 综合诊断的目的是在外围护结构热工性能、供暖通风空调及生活热水供应系统、供配电与照明系统、监测与控制系统分项诊断的基础上，对建筑物整体节能性能进行综合诊断，并给出整体能源利用状况和节能潜力。

4.7.2 节能诊断总报告是在外围护结构、供暖通风空调及生活热水供应系统、供配电与照明系统、监测与控制系统各分报告的基础上，对建筑物的整体能耗量及其变化规律、能耗构成和分项能耗进行汇总分析，针对各分报告中确定的主要问题、重点节能环节及其节能潜力，通过技术经济分析，提出建筑物综合节能改造方案。

5 节能改造判定原则与方法

5.1 一般规定

5.1.1 节能诊断涉及公共建筑外围护结构的热工性能、供暖通风空调及生活热水供应系统、供配电与照明系统以及监测与控制系统等方面的内容。节能改造内容的确定应根据目前系统的实际运行能效、节能改造的潜力以及节能改造的经济性综合确定。

5.1.2 公共建筑经节能改造后，其外围护结构的热工性能、供暖通风空调及生活热水供应系统、供配电与照明系统以及监测与控制系统应满足现行标准《公共建筑节能设计标准》GB 50189 的有关规定。

5.2 外围护结构

5.2.1 严寒、寒冷地区主要考虑建筑的冬季防寒保温，建筑外围护结构传热系数对建筑的供暖能耗影响很大，提高这一地区的外围护结构传热系数，有利于提高改造对象的节能潜力，并满足节能改造的经济性综合要求。未设保温或保温破损面积过大的建筑，当进入冬季供暖期时，外墙内表面易产生结露现象，会造成外围护结构内表面材料受潮，严重影响室内环境。

因此，对此类公共建筑节能改造时，应强化其外围护结构的保温要求。

夏热冬冷地区太阳辐射得热是造成夏季室内过热的主要原因，对建筑能耗的影响很大。这一地区应主要关注建筑外围护结构的夏季隔热，当公共建筑采用轻质结构和复合结构时，应提高其外围护结构的热稳定性，不能简单采用增加墙体、屋面保温隔热材料厚度的方式来达到降低能耗的目的。

当建筑所处城市属于温和地区时，应判断该城市的气象条件与本省其他气候分区的哪个城市最接近，再按照本条第1款或第2款进行判定。

外围护结构节能改造的单项判定中，外墙、屋面的热工性能考虑了现行国家标准《民用建筑热工设计规范》GB 50176的设计要求，确定了判定的最低限值。

5.2.2 外窗、透明幕墙对建筑能耗高低的影响主要有两个方面：一是外窗和透明幕墙的热工性能影响冬季供暖、夏季空调室内外温差传热；二是窗和幕墙的透明材料(如玻璃)受太阳辐射影响而造成的建筑室内的得热。冬季，通过窗口和透明幕墙进入室内的太阳辐射有利于建筑的节能，因此，减小窗和透明幕墙的传热系数，抑制温差传热是降低窗口和透明幕墙热损失的主要途径之一；夏季，通过窗口透明幕墙进入室内的太阳辐射成为空调降温的负荷。因此，减少进入室内的太阳辐射以及减小窗或透明幕墙的温差传热都是降低空调能耗的途径。

74

许多公共建筑外窗的可开启率有逐渐下降的趋势，有的甚至使外窗完全封闭。在春、秋季节和冬、夏季的某些时段，开窗通风是减少空调设备的运行时间、改善室内空气质量和提高室内热舒适性的重要手段。对于有很多内区的公共建筑，扩大外窗的可开启面积，会显著增强建筑室内的自然通风降温效果。超高层建筑外窗的开启判定不执行本条规定。对于特别设计的透明幕墙，如双层幕墙，透明幕墙的可开启面积应按照双层幕墙的内侧立面上的可开启面积计算。

实际改造工程判定中，当遇到外窗及透明幕墙的热工性能优于条文规定的最低限值，而业主有能力进行外立面节能改造时，也应在根据分项判定和综合判定后，确定节能改造的内容。

5.2.3 夏季屋面水平面太阳辐射强度最大，屋面的透明面积越大，相应建筑的能耗也越大，而屋面透明部分冬季天空辐射的散热量也很大，因此对屋面透明部分的热工性能改造应予以重视。

5.3 供暖通风空调及生活热水系统

5.3.1 按照我国目前空调行业的制造水平和运行管理水平，结合实际情况发现，冷热源设备的使用年限一般为 15 ~ 20 年，水泵的使用年限一般为 20 年，风机盘管和空调箱的使用年限一般为 10 ~ 15 年，冷却塔的使用年限一般为 15 ~ 20 年。在具体改造过程中,要根据设备实际运行状况来判定是否需要改造或更换。

由于建筑功能的改变或提升,原有供暖空调系统不能满足建筑供冷或供热需求时,宜对原有供暖空调系统进行改造。

对于目前广泛用于空调制冷设备的 HCFC-22 和 HCFC-123 制冷剂,按"蒙特利尔议定书缔约方第十九次会议"对缔约方的规定,我国将于 2030 年完成其生产与消费的加速淘汰,至 2030 年削减至 2.5%。

5.3.2 集中热水供应系统采用直接电加热会耗费大量的电能;若当地供电部门鼓励采用低谷时电力,并给予较大的优惠政策,允许采用利用谷电加热的蓄热式电热水炉,但必须保证在峰时段与平时段不使用,并设有足够热容量的蓄热装置。但以最高日生活热水量 5 m^3 为限定值,该限定值是以酒店生活热水用量进行测算的。酒店一般最少 15 套客房,以每套客房 2 床计算,取最高日用水定额 160 L/(床·日),则最高日热水量为 4.8 m^3,故当日最高生活热水量大于 5 m^3 时,应避免采用直接电加热作为主热源或太阳能热水系统的辅助热源,除非当地电力供应富裕、电力需求侧管理从发电系统整体效率角度,有明确的供电政策支持时,允许适当采用直接电加热。

5.3.3 为了有效规范热泵热水机(器)市场,加快设备制造厂家的技术进步,现行国家标准《热泵热水机(器)能效限定值及能效等级》GB 29541 对热泵热水机的效率作出了限定。

现行国家标准《公共建筑节能设计标准》GB 50189 规定的热泵热水机（器）效率为国家标准《热泵热水机（器）能效限定值及能效等级》GB 29541 中的 2 级。

5.3.4 目前，我国已成为冷水机组的制造大国，也是冷水机组的主要消费国。冷水机组是公共建筑集中空调系统的主要耗能设备，其性能很大程度上决定了空调系统的能耗。根据调研数据显示，当前主要厂家生产的主流冷水机组性能与 2005 版《公共建筑节能设计标准》限值相比，高出比例大致为 3.6% ~ 42.3%，平均高出 19.7%，说明我国冷水机组的性能已经有了较大幅度的提升。据此，参照《公共建筑节能设计标准》GB 50189-2015 的要求，对名义工况和规定条件下的冷热源设备能效提出限定要求。当无法取得上述参数时，应按现行行业标准《公共建筑节能检测标准》JGJ/T 177 的相关要求进行检测。

5.3.5 合理利用能源、提高能源利用率、节约能源是我国的基本国策。我国主要以燃煤发电为主，直接将燃煤发电产出的高品位电能转换为低品位的热能进行供暖或空气调节，其能源利用效率低，应加以限制。

5.3.6 决定空调系统耗电量的是包含空调冷热源、输送系统和空调设备在内的整个空调系统，整体更优才能达到节能的最终目的。参照《公共建筑节能设计标准》GB 50189-2015，引入了对空调系统电冷源综合制冷性能系数 SCOP 的限制。应注意，该限制适用于采用冷却塔冷却、风冷或蒸发冷却的冷源系统，不适用于通过换热器换热得到的冷却水的冷源系统；同时，对于地源热泵系统，机组的运行工况也不同，因此不适用于本条规定。

5.3.7 当公共建筑供暖空调系统的热源设备无随室外气温变化进行供热量调节的自动控制装置时，容易造成冬季室内温度过高，无法调节，浪费能源。

5.3.8 在实际工程中，水泵或风机选型偏大而造成系统超正常工况运行现行非常普遍，设备长期在低效率下工作，电流和能耗超标，甚至造成烧毁电机的危险。大量实例表明，对实际运行效率偏低的水系统或风系统进行调节或改造，节能效果显著。本条首先依据标准判断水系统或风系统的设计输送效率；当无法确定时候，应对其运行效率进行检测，当流量超过设计值 20%或实际运行效率低于铭牌值的 80%时，应进行调节或改造。

5.3.9 二次泵变流量是实现水系统节能的保证。为了系统的稳定性，变流量调节的最大幅度不宜超过设计流量的 50%。空调冷水系统改造为变流量调节方式后，应对系统进行调试，使得变流量的调节方式与末端的控制相匹配。

5.3.10 在冬季需要制冷时，若采用人工冷源，势必会造成能源的大量浪费，不符合节能的基本理念。天然冷源包括室外空气、地下水、地表水等。

5.3.11 当室外空气焓值低于室内空气焓值时，为节能能源，应充分利用室外新风。

5.3.15 《中华人民共和国节约能源法》第三十七条规定："使用空调供暖、制冷的公共建筑应当实行室内温度控制制度。"第三十八条规定："新建建筑或对既有建筑进行节能改造，应当按照规定安装用热计量装置、室内温度调控装置和供热系统调控装置。"为满足要求，公共建筑必须具有室温调控手段。

5.3.17 长期以来，人们忽视了对空调水系统的水质相关要求。相关检测数据表面，当蒸发温度一定时，冷凝温度每增加1℃，压缩机单位制冷量的耗功率增加 3% ~ 4%，直接造成冷水机组运行效率下降，所以对系统水质提出了限定要求。

5.4 供配电系统

5.4.1 当确定的改造方案中，涉及各系统的用电设备时，其配电柜（箱）、配电回路等均应根据更换的用电设备参数，进行改造。这首先是为了保证用电安全，其次是保证改造后系统功能的合理运行。

5.4.2 一般变压器容量是按照用电负荷确定的，但有些建筑建成后使用功能发生了变化，这样就造成了变压器容量偏大，造成低效率运行，变压器的固有损耗占全部电耗的比例会较大，用户消耗的电费中有很大一部分是变压器的固有耗损。如果建筑物的用电负荷在建筑的生命周期内可以确定不会发生变化，则应当更换合适容量的变压器。变压器平均负载率的周期应根据春夏秋冬四个季节的用电负荷计算。

5.4.3 设置电能分项计量可以使管理者清楚了解各种用电设备的耗电情况，进行准确的分类统计，制定科学的用电管理规定，从而节约电能。

5.4.4 在进行建筑供配电设计时，设计单位均按照当地供电部门的要求设计了无功补偿，但随着建筑功能的扩展或变更，大量先进用电设备的投入，使原有无功补偿设备或调节方式不能满足要求，这时应制订详细的改造方案，应包含集中补偿或就地补偿的分析内容，并进行投资效益分析。

5.4.5 对于建筑电气节能要求，供电电能质量只包含了三相电压不平衡度、功率因数、谐波和电压偏差。三相电压平衡一般出现在照明和混合负载回路，初步判定不平衡可以根据 A、B、C 三相电流表示值，当某相电流值与其他的偏差为 15%左右时可以初步判定为不平衡回路。功率因数需要核查基波功率因数和总功率因数两个指标，一般我们所说的功率因数是指总功率因数。谐波的核查比较复杂，需要电气专业工程师来完成。电压偏差检验是为了考察是否具有节能潜力，当系统电压偏高时可以采取合理的改造措施实现节能。

5.5 照明系统

5.5.1 现行国家标准《建筑照明设计标准》GB 50034 中对各类建筑、各类使用功能的照明功率密度都有明确的要求，但由于此标准是 2004 年才公布的，很多既有公共建筑照明照度值和功率密度都可能达不到要求，有些建筑的功率密度值很低但实际上其照度没有达到要求的值。如果业主对不达标的照度指标可以接受，其功率密度低于标准要求，则可以不改造；如果大于标准要求则必须改造。

5.5.2 公共区的照明容易产生长明灯现象，尤其是既有公共建筑的公共区，一般都没有采用合理的控制方式。对于不同使用功能的公共照明应采用合理的控制方式，例如办公楼的公共区可以采用定时与感应控制相结合的控制方式，上班时间采用定时方式，下班时间采用声控方式，总之不要因为采用不合理的控制方式影响使用功能。

5.5.3 对于办公建筑，可核查靠近窗户附近的照明灯具是否可以单独开关，若不能则需要分析照明配电回路的设置是否可以进行相应的改造，改造应选择在办公时间进行。

5.6 监测与控制系统

5.6.1 目前很多公共建筑没有设置监测控制系统，全部依靠人力对建筑设备进行简单的启停操作，人为操作有很大的随意性，尤其是耗能在建筑中占很大比例的空调系统。这种人为操作会造成能源的浪费或不能满足人们工作环境的要求，不利于设备运行管理和节能考核。

5.6.2　当对既有公共建筑的集中供暖与空气调节系统、生活热水系统、照明系统、动力系统进行节能改造时，原有的监测与控制系统应尽量保留，新增的控制功能应在原监测与控制系统平台上添加。如果原有监测与控制系统已不能满足改造后系统要求，且升级原系统的性价比已明显不合理时，应更换原系统。

5.6.3　有些既有公共建筑的监测与控制系统由于各种原因不能正常运行，造成人力、物力等资源的浪费，没有发挥监测与控制系统的先进控制管理功能；还有一些系统虽然控制功能比较完善，但没有数据存储功能，不能利用数据对运行能耗进行分析，无法满足节能管理要求。这些现象比较普通，因此应查明原因，尽量恢复原系统的监测与控制功能，增加数据存储功能。如果恢复成本过高性价比已明显不合理时，则建议更换原监测与控制系统。

5.6.4　监测与控制系统配置的现场传感器及仪表等安装方式正确与否直接影响系统的控制功能和控制精度，有些系统不能正常运行的原因就是现场设备安装不合理，造成控制失灵。因此应严格按照产品要求和国家有关规范执行，这样才能确保监测与控制系统的正常运行。

5.6.5 用电分项计量是实施节能改造前后节能效果对比的基本条件。

5.7 节能改造判定

5.7.2 公共建筑外围护结构的节能改造，应采取现场考察与能耗模拟计算相结合的方式，按以下步骤进行判定：

1 通过节能诊断，取得外围护结构各部分实际参数。首先进行复核检验，确定外围护结构保温隔热性能是否达到设计要求，对节能改造重点部位进行初步判断。

2 利用建筑能耗模拟软件，建立计算模型。对节能改造前后的能耗分别进行计算，判断能耗是否降低 10%以上。

3 综合考虑每种改造方案的节能量、技术措施成熟度、一次性工程投资、维护费用及静态投资回收期等因素，进行方案可行性优化分析，确定改造方案。

公共建筑节能改造技术方案的可行性，不但要从技术观点评价，还必须用经济观点评价，只有那些技术上先进、经济上合理的方案才能在实际中得到应用和推广。

在工程中，评价项目的经济性通常用投资回收期法。投资回收期是指项目投资的净收益回收项目投资所需要的时间，一般以年为单位。投资回收期分为静态投资回收期和动态投资回收期，两者的区别为静态投资回收期不考虑资金的时间价值，而动态投资回收期考虑资金的时间价值。

静态投资回收期虽然不考虑资金的时间价值，但在一定程度上反映了投资效果的优劣，经济意义明确，直观，计算简便。动态投资回收期虽然考虑了资金的时间价值，计算结果符合实际情况，但计算过程烦琐，非经济类专业人员难以掌握，因此，本标准中的投资回收期均采用静态投资回收期。本规程中，静态投资回收期的计算公式如下：

$$T=K/M$$

式中　　T——静态投资回收期，年；

　　　　K——进行节能改造时用于节能的总投资，万元；

　　　　M——节能改造产生的年效益，万元/年。

5.7.3　本条对供暖通风空调及生活热水供应系统分项判定方法作了规定。当进行两项以上的单项改造时，可以采用本条进行判定。分项判定主要是根据节能量和静态投资回收期进行判定。对一些投资少、简单易行的改造项目，可仅用静态投资回收期进行判定。系统的能耗降低20%是指由于供暖通风空调及生活热水供应系统采取一系列节能措施后，直接导致供暖通风空调及生活热水供应系统的能源消耗（电、燃煤、燃油、燃气）降低了20%，不包括由于外围护结构的节能改造而间接导致供暖通风空调及生活热水供应系统的能源消耗的降低量。根据对现有公共建筑的调查情况，结合公共建筑节能改造经验，通过调节冷水机组的运行策略、变流量控制等节能措施，系统能耗可降低 20%左右，静态投资回收期基本可控制在 5 年以内。大多数业主比较能接受的静态投资回收期是 5～8 年。对一些投资少、简单易行的改造项目，静态投资回收期基本可控制在 3 年以内。

5.7.4　目前国家对灯具的能耗有明确规定，现行国家标准有：《管形荧光灯镇流器能效限定值及节能评价值》GB 17896、《普通照明用双端荧光灯能效限定值及能效等级》GB 19043、《普通照明用自镇流荧光灯能效限定值及能效等级》GB 19044、《单端荧光灯能效限定值及节能评价值》GB 19415、《高压钠灯能效限定值及能效等级》GB 19573 等。这些标准规定了荧光灯和镇流器的能耗限定值等参数。如果建筑物中采用的灯具不是节能灯具或不符合能效限定值的要求，就应该进行更换。

5.7.5　综合判定的目的是预测公共建筑进行节能改造的综合节能潜力。本规程中全年能耗仅包括供暖、通风、空调、生活热水、照明方面的能源消耗，不包括其他方面的能源消耗。

本规程中，进行节能改造的判定方法有单项判定法、分项判定法、综合判定法，各判定方法之间是并列的关系，满足任何一种判定，都宜进行相应节能改造。综合判定涉及外围护结构、供暖通风空调及生活热水供应系统、照明系统三方面的改造。

全年能耗降低 30%是通过如下方法估算的：

以某一办公建筑为例，在分项判定中，通过进行外围护结构的改造，大概可以节约 10%的能耗；通过供暖通风空调及生活热水供应系统的改造,可以节约 20% 的能耗;通过照明系统的改造,可以节约 20% 的照明能耗。而在上述全年能耗中,约有 80% 通过供暖通风空调及生活热水供应系统消耗,约有 20% 通过照明系统消耗。经过加权计算,通过进行外围护结构、供暖通风空调及生活热水供应系统、照明系统三方面的改造,大概可以节约 28% 以上的能耗。

静态投资回收期通过如下方法估算:在分项判定中,进行外围护结构的改造,静态投资回收期为 8 年;进行供暖通风空调及生活热水供应系统的改造,静态投资回收期为 5 年;进行照明系统的改造,静态投资回收期为 2 年。假定外围护结构、供暖通风空调及生活热水供应系统改造时,投资方面的比例约为 4:6。供暖通风空调及生活热水供应系统的能耗与照明系统的能耗比例约为 4:1。

根据以上条件,经过加权计算,进行外围护结构、供暖通风空调及生活热水供应系统、照明系统三方面的改造时,静态投资回收期为 5.36 年。

根据以上计算,若节约 30% 的能耗,则静态投资回收期为 5.74 年,取整后,规定为 6 年。

6 节能改造设计

6.1 一般规定

6.1.2 当既有公共建筑超过设计使用年限、涉及主体和承重结构改动、增加荷载或使用功能变动时，由于涉及建筑物结构安全性问题，如要进行节能改造，改造前必须由原设计单位或具备相应资质的设计单位对既有公共建筑结构安全性进行核验。

6.2 围护结构节能改造设计

6.2.1 公共建筑的外围护结构节能改造难点在于需要在原有建筑基础上进行完善和改造，而既有公共建筑体系复杂、外围护结构的状况千差万别，出现问题的原因也多种多样，改造难度、改造成本都很大。但经确认需要进行节能改造的建筑，所改部位的热工性能需至少达到新建公共建筑节能水平。

现行国家标准《公共建筑节能设计标准》GB 50189 对外围护结构的性能要求有两种方法：一是规定性指标要求，即不同窗墙比条件下的限值要求；二是性能性指标要求，即当不满足规定性指标要求时，需要通过权衡判断法进行计算确定建筑物整体节能性能是否满足要求。第二种方法相对复杂，不便于实施和监督。

为了便于判断改造后的公共建筑外围护结构是否满足要求，本规程要求公共建筑外围护结构经节能改造后，其热工性能限值需满足现行国家标准《公共建筑节能设计标准》GB 50189的规定性指标要求，而不能通过权衡判断法进行判断。

6.2.2 根据建筑防火设计多年实践，以及发生火灾的经验教训，完善外保温系统的防火构造技术措施，并在公共建筑节能改造中贯彻这些防火要求，对于防止和减少公共建筑火灾的危害，保护人身和财产的安全，是十分必要的。

建筑外墙、幕墙、屋顶等部位的节能改造时，所采用的保温材料和建筑构造的防火性能应符合现行国家标准《建筑内部装修设计防火规范》GB 50222、《建筑设计防火规范》GB 50016的规定和设计要求。

公共建筑的外墙外保温系统、幕墙保温系统、屋顶保温系统等应具有一定的防火攻击能力和防止火焰蔓延能力。

6.2.3 外围护结构节能改造要求根据工程的实际情况，具体问题具体分析。公共建筑的外围护结构节能改造施工应遵循"扰民少、速度快、安全度高、环境污染少"的基本原则。建筑自身特点包括：建筑的历史、文化背景、建筑的类型、使用功能、建筑现有立面形式、外装饰材料、建筑结构形式、建筑层数、窗墙比、墙体材料性能、门窗形式等因素。严寒、寒冷地区宜优先选用外保温技术。对于那些有保留外部造型价值的建筑物可采用内保温技术,但必须处理好冷热桥和结露。目前,国内可选择的保温系统和构造形式很多,无论采用哪种,保温系统的基本要求必须满足。保温系统有 7 项要求:力学安全性、防火性能、节能性能、耐久性、卫生健康和环保性、使用安全性、抗噪声性能。针对既有公共建筑节能改造的特点,在保证节能要求的基础上,保温系统的其他性能要求也应关注。

6.2.5 公共建筑室内温湿度状况复杂,特别对于游泳馆、浴室等室内散湿量较大的场所,外墙外保温改造时还应考虑室内湿度的影响。

6.2.6 当外围护结构改造为非透明幕墙时,其龙骨支撑体系的后加锚固埋件应与原主体结构有效连接,并应满足现行行业标准《金属与石材幕墙技术规范》JGJ 133 的相关规定。

6.2.9 公共建筑屋面节能改造比较复杂,应注意保温和防水两方面的处理方式。

平屋面节能改造前,应对原屋面面层进行处理,清理表面、修补裂缝、铲去空鼓部位。根据实际现场诊断勘查,确定保温层含水率和屋面传热系数。

屋面节能改造基本可以分为四种情况:

1 保温层不符合节能标准要求,防水层破损;

2 保温层破损,防水层完好;

3 保温层符合节能标准要求,防水层破损;

4 保温层、防水层均完好,但保温隔热效果达不到要求。

上述四种情况可按下列措施进行处理：

情况 1，这是屋面改造中最难的情况。可加设坡屋面；如仍保持平屋面，则需彻底翻修。应清除原有保温层、防水层，重新铺设保温及防水构造。施工中要做到上要防雨、下要防水。

情况 2，当建筑原屋面保温层含水率较低时，可采用直接加铺保温层的方式进行倒置式屋面改造或架空屋面做法。倒置式屋面的保温层宜采用挤塑聚苯板(XPS)等吸湿率极低的材料。

情况 3，需要重新翻修防水层。对传统屋面，宜在屋面板上加铺隔气层。

情况 4，可设置架空通风间层或加设坡屋面。

改造中保温材料的选用不应选用低密度 EPS 板、高密度的多孔砖，宜选用低密度、高强度的保温材料或复合材料。

如条件允许，可将平屋面改造为绿化屋面，也可根据屋面结构条件和设计要求加装太阳能设施。

屋面节能改造时，应根据工程特点、地区自然条件，按照屋面防水等级的设防要求，进行防水构造设计。应注意天沟、檐口、檐沟、泛水等部位的防水处理。

节能改造对结构安全影响，主要是施工荷载、施工工艺对原结构安全影响，以及改造后增加的荷载或荷载重分布等对结构的影响，应分别复核、验算。

6.2.10 在严寒、寒冷地区，采取必要的改造措施，加强外窗的保温性能有利于提高公共建筑节能的潜力。而在夏热冬冷地区，加强外窗的遮阳性能是外围护结构节能改造的重点之一。应针对建筑所处地区进行相应的改造措施选择。

既有公共建筑的门窗节能改造，可采用只换窗扇、换整窗或加窗的方法。只换窗扇：当既有公共建筑门窗的热工性能经诊断达不到本规程5.2节的要求时，可根据现场实际情况只进行更换窗扇的改造。整窗拆换：当既有公共建筑中门窗的热工性能经诊断达不到本规程5.2节的要求，且无法继续利用原窗框时，可实施整窗拆换的改造。加窗改造：当不想改变原外窗，而窗台又有足够宽度时，可以考虑加窗改造方案。

更新外窗可根据设计要求，选择节能铝合金窗、未增塑聚氯乙烯塑料窗、玻璃钢窗、隔热钢窗和铝木复合窗。

为了提高窗框与墙、窗框与窗扇之间的密封性能，应采用性能好的橡塑密封条来改善其气密性，对窗框与墙体之间的缝隙，宜采用高效保温气密材料加弹性密封胶封堵。

室内可安装手动卷帘式百叶外遮阳、电动式百叶外遮阳，也可安装有热反射和绝热功能的布窗帘。

为了保证建筑节能，要求外窗具有良好的气密性能，以避免冬季室外空气过多地向室内渗漏。

6.2.11　由于现代公共建筑透明玻璃窗面积较大，因而相当大部分的室内冷负荷是由透过玻璃的日射得热引起的。为了减少进入室内的日射得热，采用各种类型的遮阳设施是必要的。从降低空调冷负荷角度，外遮阳设施的遮阳效果明显。因此，对外窗的遮阳设施进行改造时，宜采用外遮阳措施。可设置水平或小幅倾斜简易固定外遮阳，其挑檐宽度按节能设计要求。室外可使用软质篷布可伸缩外遮阳。东西向外窗宜采用卷帘式百叶外遮阳。南向外窗若无简易外遮阳，也可安装手动卷帘式百叶外遮阳。

遮阳设施的安装应满足设计和使用要求，且牢固、安全。采用外遮阳措施时应对原结构的安全性进行复核、验算；当结构安全不能满足节能改造要求时，应采取结构加固措施或采取玻璃贴膜等其他遮阳措施。

遮阳设施的设计和安装宜与外窗或幕墙的改造进行一体化设计，同步实施。

6.2.12 为了保证建筑节能，要求外门、楼梯间门具有良好的气密性能，以避免冬季室外空气过多地向室内渗漏。严寒地区若设电子感应式自动门，门外宜增设门斗。

6.2.13 提高保温性能可增加中空玻璃的中空层数，对重要或特殊建筑，可采用双层幕墙或装饰性幕墙进行节能改造。

更换幕墙玻璃可采用充惰性气体中空玻璃、三中空玻璃、真空玻璃、中空玻璃暖边等技术，提高玻璃幕墙的保温性能。

提高幕墙玻璃的遮阳性能采用在原有玻璃的表面贴膜工艺时，可优先选择可见光透射比与遮阳系数之比大于1的高效节能型窗膜。

宜优先采用隔热铝合金型材，对有外露、直接参与传热过程的铝合金型材应采用隔热铝合金型材或其他隔热措施。

6.3 供暖通风空调及生活热水系统节能改造设计

6.3.1 冷热源系统

1 与新建建筑相比，既有公共建筑更换冷热源设备的难度和成本相对较高，因此，既有公共建筑冷热源系统节能改造应以挖掘现有设备的节能潜力为主。压缩机的运行磨损、换热器表面的污垢、制冷剂的泄漏等都会导致机组运行效率下降，因此，加强冷热源设备的维修、保养，可以有效提高机组的性能。例如：定期检查并清除制冷机冷凝器和蒸发器盘管的结垢；时常检查冷水管路、阀门或管件，防止跑冒滴漏等情况的出现。

在充分挖掘现有设备节能潜力的基础上，仍不能满足需求时，再考虑更换设备。更换设备之前，应对冷热源设备在冬、夏两种工况下的实际性能进行检测。若机组实际能效比较低，与规程的要求差距较大，可考虑根据负荷重新配置冷热源机组，更换能效比较高的冷热源设备。更换冷热源设备，应对其节能性和经济性进行分析。

2 运行记录是反映空调系统负荷变化情况、系统运行状态、设备运行性能和空调实际使用效果的重要数据。冷热源系统改造节能潜力分析，应以系统的运行记录为依据。设备运行记录包括冷热源机组编号、启停状态、机组电流、电压、进出水温度等。运行人员根据设备运行记录和电耗记录，定期(每周或每月)对数据进行整理、分析，并做成图表、曲线等。依靠详细的运行记录一方面可以及时发现运行中的问题，另一方面，根据负荷变化，可调整冷热源设备的运行策略，保证机组高效运行。

5 目前并不是所有的冷水机组均可通过增设变频装置来实现机组的变频运行，因此，建议制订增设变频装置方案前，充分听取机组生产厂家的建议。

7 冷却塔直接供冷是指在常规空调水系统基础上适当增设部分管路及设备，当室外湿球温度低至某个值以下时，关闭制冷机组，以流经冷却塔的循环冷却水直接或间接向空调系统供冷。由于减少了冷水机组的运行时间，因此节能效果明显。冷却塔供冷技术特别适用于需全年供冷或有需常年供冷内区的建筑如大型办公建筑内区、大型百货商场等。

8 当更换生活热水供应系统的锅炉或加热设备时，机组的供水温度应满足以下要求：生活热水水温低于 60 ℃；间接加热热媒水水温低于 90 ℃。

9 燃气锅炉和燃油锅炉的排烟温度一般在 120 ℃ ~ 250 ℃，烟气中大量热量未被利用就直接排到大气中，不仅造成能源浪费，也加剧了环境的热污染。通过增设烟气热回收装置可降低锅炉的排烟温度，提高锅炉效率。

10 原有空调系统的冷热源设备,当与地源热泵系统可以较高的效率联合运行时,可以予以保留,构成复合式系统。在复合式系统中,地源热泵系统宜承担基础负荷,原有设备作为调峰或备用措施。另外,原有机房内补水定压设备和管道接口等能够满足改造后系统使用要求的也宜予以保留和再利用。

6.3.2 输配系统

2 变风量控制是一项有效的节能手段,通过风机变速调节,可以使空调风系统根据实际情况进行合理运行。变风量控制主要是根据室内外负荷变化或室内要求参数的变化,自动调节空调系统送风量,从而使室内参数达到全空气空调系统参数要求。

3 水泵的配用功率过大,是目前空调系统中普遍存在的问题。通过叶轮切削技术或水泵变速技术,可以有效降低水泵的实际运行能耗。目前水泵变频调速是水泵节能改造中采用较多的一种方法。变频器能根据水泵负载变化调整电机转速,从而改变电机功率。

4 定流量系统不具有实时变化设计流量的功能,当整个建筑处于低负荷时,只能通过冷水机组的自身冷量调节来实现供冷量的改变,而无法根据不同的末端冷量需求来做到总流量的按需供应。

变流量控制是一项有效的节能手段,通过水泵变速调节,可以使空调水系统根据实际情况进行合理运行。冷冻水系统可根据末端负荷变化，调节水泵流量。变流量控制主要是水泵变频控制。但采用变水量改造方案时，需要考虑冷水机组对变水量的适应性、冷水机组的容量调节和水泵变速运行之间的关系以及所采用的控制参数和控制逻辑。

7 由于建筑节能改造，建筑物的空调负荷降低。因此，在进行地源热泵系统设计时，冬季可以适当降低供水温度，夏季可以适当提高供水温度，以提高地源热泵机组效率，减少主机电耗。供水温度提高或降低的程度应通过末端设备性能衰减情况和改造后空调负荷情况综合确定。

当地埋管换热器的出水温度、地下水或地表水的温度可以满足末端需求时，应优先采用上述低位冷(热)源直接供冷(供热)，而不应启动热泵机组，以降低系统的运行费用。当负荷增大，水温不能满足末端进水温度需求时，再启动热泵机组供冷（供热）。

6.3.3 末端系统

1 过渡季节和部分冬季气候条件下，室外空气可以作为供冷需求区域的免费冷源。空调系统采用全新风或增大新风比的运行方式，既可以节省空气处理所消耗的能量，也可有效改善空调区域内的空气品质，具有很好的节能效果和经济效益。人员集中且密闭性较好，或过渡季节使用大量新风的空调区，应设置机械排风设施，排放量应适应新风量的变化。

2 当房间人员密度变化较大时，如果一直按设计的较大人员密度供应新风,将浪费较多的新风处理能耗。宜采取变新风量措施以降低新风处理量及新风处理能耗。其中,采用房间二氧化碳自动控制空调系统的新风量可以方便地实现自动控制。值得注意的是,如果只变新风量,不变排风量,有可能造成部分时间室内负压,反而增加能耗,因此,排风量应适应新风量的变化。

4 由于空调区域(或房间)排风中所含的能量十分可观,所以在新风量具有一定规模、技术经济分析合理时,集中加以回收利用可以取得很好的节能效果和环境效益。当使用热回收装置的场合过渡季节也需要提供新风时,不需要再回收排风能量,应设置热回收装置的旁通风管,减少风道阻力。

5 餐厅、食堂和会议室等功能性用房,具有冷热负荷指标高、新风量大、使用时间不连续等特点,而且在过渡季节,其他区域需要供热时,上述区域可能存在供冷需求,因此,在进行空调通风系统改造设计时,可采用调节性强、运行灵活、具有排风热回收功能的系统形式。

6.4 供配电与照明节能改造设计

6.4.1 尤其是配电系统改造,当变压器、配电柜中元器件等仍然使用国家淘汰产品时,要考虑更换。

6.4.2 配电系统改造设计要认真核查负荷增减情况,避免因用电设备功率变化引起断路器、继电器及保护元件参数的不匹配。

6.4.3 目前建筑供配电设计容量是一个比较矛盾的问题，既需要考虑长久用电负荷的增长，又要考虑变压器容量的合理性。如果没有充分考虑负荷的增长就会造成运行一段时间后变压器容量不能满足用电要求；而如果变压器容量选择太大又会造成变压器损耗的增加，不利于建筑节能；这两者之间应该有一个比较合理的平衡点，需要电气设计人员与业主充分讨论并对未来用电设备发展有较深入的了解。随着可再生能源的运用和节能型用电设备的推广，变压器容量的预留应合理。若变压器改造后，变压器容量有所改变，则需按照国家规定的要求重新进行报审。

6.4.4 设置电能分项计量可以使管理者清楚了解各种用电设备的耗电情况，进行准确的分类统计，制定科学的用电管理规定，从而节约电能。建筑面积超过 2 万平方米的为大型公共建筑，这类建筑的用电分项计量应采用具有远传功能的监测系统。合理设置用电分项计量是指采用直接计量和间接计量相结合的方式，在满足分项计量要求的基础上尽量减少安装表计的回路，以最少的投资获取数据。电能分项计量监测系统应包括下列回路的分项计量：

    1 变压器进出线回路；

    2 制冷机组主供电回路；

3 单独供电的冷热源系统附泵回路；

4 集中供电的分体空调回路；

5 给水排水系统供电回路；

6 照明插座主回路；

7 电子信息系统机房；

8 单独计量的外供电回路；

9 特殊区供电回路；

10 电梯回路；

11 其他需要单独计量的用电回路。

安装表计回路设置应根据常规电气设计而定。需要注意的是对变压器损耗的计量，但是否能在变压器进线回路上增加计量需要确定变配电室产权是属于业主还是属于供电部门，并与当地供电部门协商，是否具有增加表计的可能。需要特别注意的是在供电局计量柜中只能取其电压互感器的值，不能改动计量柜内的电流互感器，电流值需要取自变压器进线柜内单独设置 10 kV 电流互感器，不要与原电流互感器串接。

6.4.5 供配电系统改造线路敷设非常重要，一定要进行现场踏勘，对原有路由需要仔细考虑。一些老建筑的配电线路很多都经过二次以上的改造，有些图纸与实际情况根本不符，如果不认真进行现场踏勘会严重影响改造施工的顺利进行。

6.4.6 无功补偿是电气系统节能和合理运行的重要因素，有些建筑虽然设计了无功补偿设备但不投入运行，或运行方式不合理，若补偿设备确实无法达到要求时，经过投资回收分析后可更换设备。

6.4.8 照明回路配电设计应重新根据现行国家标准《建筑照明设计标准》GB 50034 中规定的功率密度值进行负荷计算，并核查原配电回路的断路器、电线电缆等技术参数。

6.4.10 面积较小且要求不高的公共区照明一般采用就地控制方式，这种控制方式价格便宜，能起到事半功倍的效果；大面积且要求较高的公共区可根据需要设置集中监控系统，如已经具备楼宇自控系统的建筑可将此部分纳入其监控系统。

6.4.11 照明配电系统改造设计时要预留足够的接口，如果接口预留数量不足或不符合监测与控制系统要求，就无法实施对照明系统的控制。照明配电箱做成后若再增加接口，一是位置空间可能不合适，二是现场更改会增加很多麻烦。在大型建筑内，照明控制系统应采用分支配电装置，由楼层配电箱负责分支配电装置的供电。由此可以使线路敷设简单而且层次分明。

6.4.12 除对靠近窗户附近的照明灯具单独设置开关外，还可以在条件具备的情况下，通过光导管技术，将太阳光直接导入室内。

6.5 监测与控制节能改造设计

6.5.1 节能改造时最重要的是根据改造前后的数据对比，判断节能量，因此涉及节能运行的关键数据必须经过一个供暖季、供冷季和过渡季，所以至少需要 12 个月的时间。由于数据的重要性，本条文规定，无论系统停电与否，与节能相关的数据应都能至少保存 12 个月。

6.5.4　主要考虑公共区人员复杂，每个人要求的温度不尽相同，温控器容易被人频繁改动，例如医院就诊等候区等，曾发现病人频繁改变温度设定值，造成温度较大波动，温控器损坏，因此在公共区设置联网控制有利于系统的稳定运行和延长设备使用寿命。

6.5.5　一般供配电系统会单独设置其监测系统，可采用数据网关的形式和监测与控制系统相连，此方法已在很多项目上实施，具有安全可靠、使用方便等优点。以往在监测与控制系统中再设置低压配电系统传感器采集数据的方式，费时费力，不可能在所有重要回路设置传感器，造成数据不全，不能满足用电分项计量的要求。

6.5.6　此条分别规定了改造时需遵循的原则。当进行节能优化控制时需要修改其他机电设备运行参数，如进行变冷水量调节等，尤其需要做好保护措施，避免冷机出现故障。

6.5.7　此条给出生活热水的基本监控要求，但不限于此种监控。

6.5.8　照明系统有两种控制方式：一种是照明系统单独设置的监控系统，一般用于大型照明调光系统，如体育场等，这种系统以满足照明功能需求为主要条件，一般不和监测和控制系统相连；另一种照明系统只是单纯满足照度要求，不进行调光控制，这种系统一般应用于办公楼、酒店等一般建筑，这类建筑的公共区照明宜纳入监测与控制系统。

6.6 可再生能源利用

6.6.1 在《中华人民共和国可再生能源法》中，国家将可再生能源的开发利用列为能源发展的优先领域，因此，本条规定了公共建筑进行节能改造时，有条件的场所应优先利用可再生能源。可再生能源包括风能、太阳能、水能、生物质能、地热能、海洋能等非化石能源，其中与建筑用能紧密关联的主要有地热能和太阳能。目前，利用地热能的技术主要有地源热泵供热、供冷技术；利用太阳能的技术主要有被动式太阳房、太阳能热水、太阳能供暖与制冷、太阳能光伏发电机光导管技术等。

公共建筑进行节能改造时，条件具备的场所应优先利用可再生能源、因地制宜地利用可再生能源。在我省攀西和川西北等太阳能丰富的地区应大力推进太阳能与建筑一体化；在成都、绵阳、德阳等夏热冬冷地区应优先采用地源热泵系统；在泸州、宜宾、内江等依江而建的城市可根据条件采用地表水地源热泵；农村地区应积极推广应用沼气等生物质能。

6.6.2 地源热泵系统包括地埋管、地下水及地表水地源热泵系统。工程场地状况调查及浅层地热能资源勘察的内容应符合现行国家标准《地源热泵系统工程技术规范》GB 50366 的相关规定。地埋管地源热泵系统应对工程场区内岩土体地质条件进行勘察，并应严格按照《地源热泵系统工程技术规范》GB 50366(2009 年版)进行热响应实验，获取岩土每延米的换热能力实测值；地下水、地表水地源热泵系统应根据地源热泵系统对水量、水温和水质的要求，对工程场区的水文地质条件进行勘察，并进行水文地质试验，严格执行水资源论证，特别需要对地下水地源热泵系统抽水、回水对改造建筑物及其周边建筑物/构筑物安全性的影响进行评价,地表水地源热泵系统对水生态环境及对其他用水户的影响进行评价；对已具备水文地质资料或附近有水井的地区，应通过调查获取水文地质资料。

地源热泵技术可行性主要包括：

1 地埋管地源热泵系统：当地岩土体温度适宜，热物性参数适合地埋管换热器换热,冬、夏取热量和排热量基本平衡。

2 地下水地源热泵系统：当地政策法规允许抽灌地下水、水温适宜、地下水量丰富、取水稳定充足、水质符合热泵机组或换热设备使用要求、可实现同层回灌。

3 地表水地源热泵系统：地表水源水温适宜、水量充足、水质符合热泵机组或换热设备使用要求。

改造的可实施性应综合考虑各类地源热泵系统的性能特点进行分析：

1 地埋管地源热泵系统：是否具备足够的地埋管换热器

设置空间、项目所在地地质条件是否适合地埋管换热器钻孔、成孔的施工。

2 地下水地源热泵系统：是否具备进行地下水钻井的条件，取排水管道的位置、钻井是否会对建筑基础结构或防水造成影响，是否会破坏地下管道或构筑物。

3 地表水地源热泵系统：调查当地水务部门是否允许建造取水和排水设施，是否具备设置取排水管道和取水泵站的位置。

4 进行改造可实施性分析时，还应同时考虑建筑物现有系统（如既有空调系统末端是否适应地源热泵系统的改造、供配电是否可以满足要求、机房面积和高度是否足够房子改造设备、穿墙孔洞及设备入口是否具备等）能否与改造后的地源热泵系统相适应。

改造的经济性分析应以全年为周期的动态负荷计算为基础，以建筑规模和功能适宜采用的常规空调的冷热源方式和当地能源价格为计算依据，综合考虑改造前后能源、电力、水资源、占地面积和管理人员的需求变化。

6.6.4 依据《可再生能源建筑应用工程评价标准》GB/T 5001，对地源热泵系统的制冷系统能效比、制热系统能效比提出规定。

6.6.5 复合式地源热泵系统的应用对于公共建筑节能改造而言，既能实现因地制宜地利用可再生能源，又能减少改造的经济投资，提高供暖空调系统的可靠性、稳定性及节能效益。

6.6.6 由于建筑节能改造，建筑物的空调负荷降低。因此，在进行地源热泵系统设计时，冬季可以适当降低供水温度，夏季可以适当提高供水温度，以提高地源热泵机组效率，减少主机电耗。供水温度提高或降低的程度应通过末端设备性能衰减情况和改造后空调负荷情况综合确定。

6.6.7 在有生活热水需求的项目中可将夏季供冷、冬季供暖和供应生活热水结合起来改造，并积极采用热回收技术在供冷季利用热泵机组的排热提供或预热生活热水，特别是对于学校、医院、酒店等具有大量生活热水需求的建筑，能取得较好的节能效益。对于夏季空调负荷远大于冬季供暖负荷的建筑物，采用供热、空调、生活热水的地埋管地源热泵三联供系统，能较好地解决地下热平衡问题。

6.6.9 当地埋管换热器的出水温度、地下水或地表水的温度可以满足末端需求时，应优先采用上述低位冷（热）源直接供冷（供热），而不应启动热泵机组，以降低系统的运行费用；当负荷增大，水温不能满足末端进水温度需求时，再启动热泵机组供冷（供热）。

6.6.10 在太阳能资源丰富或较丰富的地区应充分利用太阳能；在太阳能资源一般的地区，宜结合建筑实际情况确定是否利用太阳能；在太阳能资源贫乏的地区，不推荐利用太阳能。四川省太阳能资源分布极不平衡，大致以龙门山脉、邛崃山脉和大凉山为界，东部太阳能极少，川西高原是四川省乃至我国太阳能的主要分布区。四川省太阳能资源最丰富的地区是石渠、色达至理塘、稻城、攀枝花一带，年总辐射量在 6 000 MJ/m² 以上，年日照时数在 2 400～2 600 h；太阳能丰富地区是川西高原大部分地区，全区覆盖面较大，年总辐射量基本在 5 000 MJ/m² 以上，大部分地区年日照时数在 1 800 h 以上；太阳能较贫乏的地区主要是川西高原向盆地过渡山地区，年总辐射量在 4 000～5 000 MJ/m²，大部分地区年日照数在 1 700 h 以下；盆地区是四川省及我国太阳能最弱区，其总辐射量基本在 4 000 MJ/m² 以下，日照时数也很少，该区太阳能利用价值不大。四川省的太阳能资源区划见表2。

表2　四川省太阳能资源区划

资源区划	年太阳辐照量 [MJ/（m²·a）]	主要地区
Ⅰ资源丰富区	≥6 700	—
Ⅱ资源较富区	5 400～6 700	四川南部
Ⅲ资源一般区	4 200～5 400	四川西部
Ⅳ资源贫乏区	<4 200	四川大部分

6.6.11　目前，利用太阳能的技术主要包括被动式太阳房、太阳能热水、太阳能供暖与制冷、太阳能光伏发电、光导管技术等。为了最大限度地发挥太阳能的节能作用，太阳能应能实现全年综合利用。

6.6.12　太阳能热水系统的设计应符合现行国家标准《民用建

筑太阳能热水系统应用技术规范》GB 50364 的规定。依据《民用建筑太阳能热水系统评价标准》GB/T 50604，对不同资源区的太阳能热水系统的太阳能保证率提出规定。

6.6.13 太阳能制冷系统的设计应符合现行国家标准《民用建筑太阳能空调工程技术规范》GB 50787 的规定。结合《太阳能供热供暖工程技术规范》GB 50495 及《可再生能源建筑应用工程评价标准》GB/T 50801，对不同资源区的太阳能制冷系统的太阳能保证率提出规定。

6.6.14 太阳能光伏系统的设计应符合现行行业标准《民用建筑太阳能光伏系统技术规范》JGJ 203 的规定。依据《可再生能源建筑应用工程评价标准》GB/T 5001，对太阳能光伏发电系统的光电转换效率提出规定。

6.6.15 太阳能供热供暖系统的设计应符合现行国家标准《太阳能供热供暖工程技术规范》GB 50495 的规定。依据《太阳能供热供暖工程技术规范》GB 50495，对不同资源区的太阳能供暖系统的太阳能保证率提出规定。

6.6.18 本条对"太阳能系统与建筑集成"提出要求。"太阳能系统与建筑集成"即将太阳能技术与建筑技术结合，在建筑规划与建筑设计、建筑结构与系统运行方面进行技术集成，做到太阳能系统与建筑协调统一，保持建筑统一和谐的外观。"系统集成"包括外观、结构、管路布置、系统运行等方面的集成，需要将太阳能系统纳入建筑本体改造中，同步改造、合理布局。太阳能系统既有建筑改造要求建筑、规划与室外环境、结构、给水排水、电气、暖通空调、装饰装修等专业协同配合。

7 节能改造施工

7.1 围护结构节能改造施工

7.1.1 外围护结构节能改造的施工组织设计应遵循下列几方面原则：

1 做好对现状的保护，包括道路、绿化、停车场、通信、电力、照明等设施的现状。

2 做好场地规划，安全措施：通道安全及分流，包括施工人员通道、职工通道、施工车道；施工安装中的安全；室内工作人员的安全。

3 注意材料物品等堆放：材料和施工工具的堆放；拆除材料的堆放和处理。

4 施工组织：原有墙面的处理；宜采用干作业施工，减少对环境的污染；拆除材料。

7.1.2 公共建筑中常见的旧墙面基层一般分为旧涂层表面和旧瓷砖表面等。对于旧涂层表面，常见的问题有墙面污染、涂层起皮剥落、空鼓、裂缝、钢筋锈蚀等；对于旧瓷砖表面，常见的问题有渗水、空鼓、脱落等。因此，旧墙面的诊断工作应按不同旧基层墙面(混凝土墙面、混凝土小砌块墙面、加气混凝土砌块墙面等)、不同旧基层饰面材料(旧陶瓷锦砖、瓷砖墙面、旧涂层墙面、旧水刷石墙面、湿贴石材等)、不同"病变"情况(裂缝、脱落、空鼓、发霉等)，分门别类进行诊断分析。

既有公共建筑外墙表面满足条件时，方可采用可粘结工艺的外保温改造方案。可粘结工艺的外保温系统包括：聚苯板薄抹灰、水泥基复合膨胀玻化微珠保温浆料、胶粉聚苯颗粒保温浆料、硬质聚氨酯等外墙外保温系统。

7.2 供暖通风空调及生活热水系统节能改造施工

7.2.1 材料和设备的进场验收包括:对材料和设备的规格、尺寸、标识等进行检查验收;对材料和设备的质量证明文件，如产品质量保证书、出厂合格证、性能检测报告等进行核查。

7.2.2 冷热源系统

3 冷却塔安装的位置大都在建筑顶部，一般需要设置专用的基础或支座。冷却塔属于大型的轻型结构设备，运行时既有水循环又有风循环，因此设备安装时，强调固定牢固。

4 冷却塔经过多年运行，其填料容易发生变形、结垢等问题，本条对填料的更换方法进行了规定。

7.2.3 输配系统

1 既有公共建筑水泵、风机加装变频器是较为普遍的节能改造方式，本条文对变频器安装的环境以及安装过程中的注意事项进行了规定。

4 调查发现，部分公共建筑空调水系统的输配水管道保温材料采用玻璃棉。由于输配水管道表面夏季有结露现象，且管道使用时间较长，玻璃棉吸水情况严重导致保温效果明显下降，冷量、热量在输送中白白损失。因此，本条提出了管道绝热层的更换方法。

7.2.4 末端系统

3 排风热回收装置可以安装在室外，也可以在室内进行吊顶安装。安装在室外时，新排风口应采取防雨措施，如在室外，新风入口、排风出口应安装止回阀或防雨百叶风口等。安装在墙壁或吊顶上，应考虑对结构安全的影响。

7.3 配电照明与监测控制节能改造施工

7.3.1 进行改造之前，施工方要提前制订详细的施工方案，方案中包括进展计划、应急方案等。

7.3.2 应采用国家有关部门推荐的绿色节能产品和设备。照明灯具的选择应符合现行国家标准《建筑节能工程施工质量验收规范》GB 50411 中规定的光源和灯具。

7.3.4 此条规定了改造上施工应满足的质量标准。

7.3.5 监测与控制系统的节能调试不同于其他系统，调试和验收是非常重要的环节，且这个系统是否能够合理运行并起到节能作用与其涉及的空调、照明、配电等系统密切相关，因此必须在这些系统手动运行正常的情况下才能投入自控运行，否则会使原系统运行更加混乱，反而造成系统振荡。当工艺达到要求时，方可进行自控调试。

7.4 可再生能源利用

7.4.1 可再生能源系统安装完毕投入使用前，必须进行系统调试。系统调试应包括设备单机、部件调试和系统联动调试。系统联动调试应按照实际运行工况进行，以使工程达到预期效果。

7.4.2 安全性能是光伏系统各项技术性能中最重要的一项。太阳能光伏发电系统的安全运行除了与太阳能热水系统一致的防风、防坠落伤人、防结露、防过热、防雷、抗冰雹、抗风、抗震等技术要求外，特别重视"并网光伏系统需保证光伏系统本身及所并电力电网的安全"问题。安装在建筑各部位的光伏组件，包括直接构成建筑围护结构的光伏构件，应具有带电警示标识及相应的电气安全防护措施，并应满足该部位的建筑围护、建筑节能、结构安全和电气安全要求。在人员有可能接触或接近光伏系统的位置，应设置防触电警示标识；并网光伏系统应具有相应的并网保护功能，并网光伏系统与公共电网之间应设隔离装置，光伏系统在并网处应设置并网专用低压开关箱（柜），并应设置专用标识和"警告""双电源"提示性文字和符号。

8 节能改造验收

8.1.1 公共建筑节能改造后的验收和新建建筑一样应满足国家现行标准《建筑节能工程施工质量验收规范》GB 50411及《四川省建筑节能工程施工质量验收规程》DB 51/5033 的要求。

8.1.7 本条对可再生能源系统的验收资料作出规定。与可再生能源利用节能改造工程相关的主要材料、设备和构件，如太阳能热利用系统的太阳能集热器、辅助热源、空调制冷机组、冷却塔、贮水箱、系统管路、系统保温和电气装置等，太阳能光伏系统的太阳能电池方阵、蓄电池、充放电控制器和直流/交流逆变器等，地源热泵系统的热泵机组、末端设备、辅助设备材料、监测与控制设备以及风系统和水系统管路等关键部件应能提供质检合格证书和符合要求的检测报告。

可再生能源系统调试合格后，应由具有能效测评资质的第三方测评机构对可再生能源系统进行测评，并出具系统节能性能检测报告。

9 节能改造评估

9.1 基本规定

9.1.1 建筑物室内环境检测的内容包括室内温度、相对湿度和风速。检测方法参见《公共建筑节能检验标准》JGJ 177 或《四川省民用建筑节能检测评估标准》DBJ 51/T017。

9.1.2 建筑节能改造后，对建筑内相关设备和运行情况进行检查是便于发现改造前后运行工况或建筑使用等的变化，一旦发生变化，应对改造前或改造后的能耗进行调整。在相同的运行工况下采取相同的检测方法进行检测主要是为了保证测试结果的一致性。定期对节能效果进行评估，是为了保证节能量的持续性，定期评估的时间一般为 1 年。节能效果不应该是短期的，而应至少在回收期内保持同样的节能效果。

9.1.4 调整量的产生是因为测量基准能耗和当前能耗时，两者的外部条件不同。外部条件包括天气、入住率、设备容量或运行时间等，这些因素的变化跟节能措施无关，但会影响建筑的能耗。为了公正科学地评价节能措施的节能效果，应把两个时间段的能耗量放到"同等条件"下考察，而将这些非节能措施因素造成的影响作为"调整量"。调整量可正可负。

"同等条件"是指一套标准条件或工况，可以是改造前的工况、改造后的工况或典型年的工况。通常把改造后的工况作为标准工况，这样将改造前的能耗调节至改造后工况下，即为不采取节能措施时建筑当前状况下的能耗，通过比较该值与改造后实际能耗即可得到节能量。

9.2 节能改造效果评估方法

9.2.1 测量法是将被改造的系统或设备的能耗与建筑其他部分的能耗隔离开，设定一个测量边界，然后用仪表或其他测量装置分别测量改造前后该系统或设备与能耗相关的参数，以计算得到改造前后的能耗从而确定节能量。可根据节能项目实际需要测量部分参数或者对所有的参数进行测量。

一般来说，对运行负荷恒定或变化较小的设备进行节能改造可以只测量某些关键参数，其他的参数可进行评估，例如：对定速水泵改造，可以只测量改造前后的功率，而对水泵的运行时间进行估算，假定改造前后运行时间不变；对运行负荷变化较大的设备改造，如冷机改造，则要对所有与能耗相关的参数进行测量。参数的测量方法参见《公共建筑节能检验标准》JGJ 177。

校准化模拟法是对采取节能改造措施的建筑，用能耗模拟软件建立模型（模型的输入参数应通过现场调研和测量得到），并对其改造前后的能耗和运行状况进行校准化模拟，对模拟结果进行分析从而计算得到改造措施的节能量。

测量法主要测量建筑中受节能措施影响部分的能耗量，因此该法侧重于评估具体节能措施的节能效果；校准化模拟法既可以用来评估具体系统或设备的改造效果，也可以用来评估建筑综合改造的节能效果，一般在另两种方法不适用的情况下使用。

9.2.5 当设备的运行负荷较稳定或变化较小时（如照明灯具或定速水泵改造），可只测量影响能耗的关键参数，对其他参数进行估算，估算值可以基于历史数据、厂家样本或工程实际情况来判定。应确保估算值符合实际情况，估算的参数值及其对节能效果的影响程度应包含在节能效果评估报告中。如果参数估算导致误差较大，则应根据项目需要对其进行测量或采用账单分析法和标准化模拟法。对被改造的设备进行抽样测量时，抽样应能够代表总体情况，且测量结果具备统计意义的精确度。

9.2.6 校准化模拟方案应包括：采用的模拟软件的名称及版本、模拟结果与实际能耗数据的比对方法、比对误差。

"相同的输入条件"主要指改造前后的建筑模型、气象参数、运行时间、人员密度等参数应一致，这些数据应通过调研收集。此外，还应对主要用能系统和设备进行调研和测试。

校准化模拟法的模拟过程和节能量的计算过程应进行记录并以文件的形式保存。文件应详细记录建模和标准化的过程，包括输入数据和气象数据，以便其他人可以核查模拟过程和结果。

9.2.7 部分公共建筑的改造是为了提升建筑功能或建筑存在结构或防火安全性而进行的改造，该类改造往往由于资金等原因，以提升建筑功能为主，节能改造为辅。因此改造后的建筑可能建筑的入住率、设备容量或用能习惯存在较大变化。在这种情况下，采用测量评估建筑的节能改造效果会导致误差很大，因此宜采用校准化模拟法以评估建筑本身的节能效果为主，计算改造后的节能率，评估节能改造效果。

9.2.8 两种评估方法都涉及一些不确定因素，如测量法中对某些参数进行估算、抽样测量等会给计算结果引入误差。标准化模拟法的误差主要来源于模拟软件、输入数据与实际情况不一致的因素。因此，对节能量进行和评估时，必须考虑到计算过程存在的不确定性并建立正确、合理的不确定性控制目标。

9.3 围护结构节能改造效果评估

9.3.1 当公共建筑进行了透明幕墙改造，可通过对改造后的透光材料、玻璃光学性能进行测试，按国家行业标准《建筑门窗玻璃幕墙热工计算规程》JGJ/T 151 的相关规定计算透明幕墙的传热系数、遮阳系数、可见光透射比。建筑门窗玻璃幕墙热工性能通过计算也是较为准确的一种方法。

9.3.2 公共建筑进行外遮阳装置改造，也可按现行行业标准《建筑门窗玻璃幕墙热工计算规程》JGJ/T 151 的相关规定计算遮阳装置的遮阳系数。

9.3.3 公共建筑进行节能改造后，其围护结构的热工性能应满足《公共建筑节能设计标准》GB 50189 的规定性指标限值的要求。

9.3.4 公共建筑仅进行了外围护结构节能改造，其节能量较难通过测量法进行评估，只有在改造前后建筑的入住率、人员的用能习惯、设备的运行时间等都基本相同的情况下，才可通过测量改造前后整栋楼的能耗来评估节能改造效果。通常情况下，应采用校准化模拟法计算改造后的节能率，评估节能改造效果。

9.4 设备与系统节能改造效果评估

9.4.1 设备与系统的改造目的主要是提高设备的能效，因此改造后应测试供暖通风空调系统及其他耗能设备的实际性能系数。

9.4.2 对仅进行了设备与系统改造的公共建筑，可采用测量法或校准化模拟法评估节能改造效果。由于测量相对简单，也比较准确，因此可优先采用测量法，只有在改造时采取了多项节能措施且存在显著的相互影响，很难采用测量法进行测量或测量费用很高的情况下，方可采用校准化模拟法计算设备与系统改造后的节能率，评估节能改造效果。

9.5 节能改造效果综合评估

9.5.1 当对公共建筑的围护结构热工性能、暖通风空调及生活热水供应系统、供配电与照明系统以及监测与控制系统进行了一项以上改造时，我们称之为综合改造，通常情况下应采用校准化模拟法计算改造后的节能率，进行节能改造效果评估。只有在改造前后建筑的入住率、人员的用能习惯、设备的运行时间等都基本相同的情况下，才可通过测量改造前后整栋楼的能耗来评估节能改造效果。

ISBN 978-5643-5035-2

9 787564 350352 >

定价:32.00元